高等职业教育人工智能工程技术系列教材

机器学习实践教程

吕焱飞　编著

電子工業出版社
Publishing House of Electronics Industry
北京•BEIJING

内 容 简 介

机器学习是人工智能的重要研究领域和应用方向，本书是学习和实践机器学习的入门教材，基于Python 语言，介绍如何使用机器学习的相关算法对数据进行分析。本书在内容上涵盖机器学习相关基础知识，在组织编排上循序渐进。全书共 11 章，分为 3 个部分：第一部分（第 1～3 章）为机器学习基础知识，包括数值计算基础、数据分析、数据可视化；第二部分（第 4～9 章）为机器学习算法，包括线性模型、朴素贝叶斯、支持向量机、决策树、聚类分析和集成学习；第三部分（第 10～11 章）为实践项目，包括房价预测和手写数字识别。

本书可作为高职高专院校电子信息类专业学生学习机器学习的教材，也可作为从事机器学习与大数据分析工作人员的参考用书。

图书在版编目（CIP）数据

机器学习实践教程 / 吕焱飞编著. —北京：电子工业出版社，2024.1

ISBN 978-7-121-46923-7

Ⅰ. ①机… Ⅱ. ①吕… Ⅲ. ①机器学习－教材 Ⅳ.①TP181

中国国家版本馆 CIP 数据核字(2023)第 246128 号

责任编辑：潘 娅
印　　刷：保定市中画美凯印刷有限公司
装　　订：保定市中画美凯印刷有限公司
出版发行：电子工业出版社
　　　　　北京市海淀区万寿路 173 信箱　　　　邮编：100036
开　　本：787×1092　1/16　印张：13.25　字数：297 千字
版　　次：2024 年 1 月第 1 版
印　　次：2024 年 1 月第 1 次印刷
印　　数：1200 册　定价：43.00 元

凡所购买电子工业出版社图书有缺损问题，请向购买书店调换。若书店售缺，请与本社发行部联系，联系及邮购电话：（010）88254888，88258888。

质量投诉请发邮件至 zlts@phei.com.cn，盗版侵权举报请发邮件至 dbqq@phei.com.cn。

本书咨询联系方式：（010）88254570，xujj@phei.com.cn。

前　言

在这个快速发展的科技时代，机器学习是推动科技创新和发展的重要技术。机器学习技术已经应用到各个行业和领域，对人类的生产生活产生了巨大的影响。作为机器学习的爱好者和工作者，我们深知机器学习的价值和意义，也明白学习机器学习需要持之以恒的毅力和耐心。我们应该拥有艰苦奋斗精神，不断创新，推动机器学习的进步和发展。

作为本书的编者，我们不仅希望向读者介绍机器学习的理论知识，更希望能够与读者一起探讨机器学习的实践应用，共同提升机器学习的应用效果。本书把党的二十大精神融入机器学习的学习过程，强调实践和实现，敢于挑战困难，不断创新和突破。

针对机器学习的资料往往对学习内容的设定太高，许多基础性的内容根本没有提及，代码中相关的操作完全不做解释。本书所做的，就是找出适合的资源，并梳理成教师可教、学生可用的小片段。这些片段在英文中称为 Cookbook，意为菜谱。解决一个编程小问题、学习一个知识点，都可以看作一个菜谱，读者有操作手册，便可以直接动手实践。

本书整体的设计以菜谱式的章节来组织实施，每一节的练习相对独立，可在与教材配套的练习仓库中下载练习文件，读者只需寻找在线机器学习的环境，或者在本地搭建环境就可以开始练习。每一节的内容控制在 30 分钟左右的讲解时间。

本书可分为三大部分，整体结构如下。

- 机器学习基础知识
  - 数值计算基础
  - 数据分析
  - 数据可视化
- 机器学习算法
  - 线性模型
  - 朴素贝叶斯
  - 支持向量机
  - 决策树
  - 聚类分析

    - 集成学习
- 实践项目
    - 房价预测
    - 手写数字识别

为了方便教师教学，本书配有教学课件及相关资源，请有需要的读者登录华信教育资源网（www.hxedu.com.cn）注册后免费下载，如有问题可在网站留言板中留言或与电子工业出版社联系。

由于编者水平有限，书中难免存在一些疏漏和不足之处，希望广大同行专家和读者批评、指正。

编　者

2023 年 3 月

目录

第1章

数值计算基础

在数据处理和科学计算领域，NumPy 是一款重要的 Python 工具包。 NumPy 强大的数组处理功能和高效的计算性能使得它成为数据科学家和工程师处理海量数据的必备工具之一。

本章内容包括：

- Python 基础
- NumPy 数组
- NumPy 索引
- 多维索引
- 广播
- 图像处理

1.1 Python 基础

Python 语言很流行，应用的范围非常广泛。比起 Java，Python 更加抽象、高阶、简洁，程序员从 Java 迁移到 Python 后，往往会由衷地感叹：这个世界变得更加容易了！

既然 Python 这么好，那在任何情形下都用 Python 不就很完美了？为什么还会有其他各种各样的语言呢？

Python 虽然什么都能干，但并不意味着它都能干得最好。用 Python 来做一个网站当然没有问题。只不过，其做出来的网站的性能不如 Java 做出来的网站的性能好。一旦网站流量上去了，Python 做出来的网站就会支撑不下去。这时候就体现出了 Java 的成熟。

不过，在一个领域里 Python 有着无与伦比的优势，其他任何语言都只能甘拜下风。 这个领域就是本书所要介绍的领域——机器学习领域。

在 Python 的世界里流行使用一种叫 Jupyter Notebook 的编程环境。在这个环境里写代码，可以一边写，一边看执行后的结果。在机器学习领域里，很多时候我们要根据当前运行的结果来决定下一步的任务，编程的感觉就像是在漆黑的屋子里摸索着去找电灯开关。

这样的编程方式称为探索式编程，也是本书演示代码时使用的方式。

本节介绍 Python 的基础知识，不会覆盖太多，只介绍对后续学习影响比较大的内容。

1.1.1 列表与元组

列表与元组是机器学习中经常使用的结构，我们需要把握以下两点。

（1）列表用中括号表示，元组用小括号表示。

（2）可以修改列表，但不能修改元组。

先来看第一点区别，例如：

```
>>> lst = [1, 2, 3]
>>> tup = (1, 2, 3)
```

其中，lst 的值是列表，tup 的值是元组。二者的区别只在于外部的括号不同。当后续阅读代码时，需要特别注意这里的区分。

再来看第二点区别，我们可以通过修改上述创建好的两个对象来看。可以给列表添加新的元素。

```
>>> lst.append(4)
>>> lst
[1, 2, 3, 4]
```

可以看到，4 被加到了列表的尾部。

还可以试着修改列表中的元素。

```
>>> lst[2] = 10
>>> lst
[1, 2, 10, 4]
```

列表中的元素是可变的，允许在程序运行过程中被改动。而与之对应的元组，却是固定的。我们先来试着在元组的尾部添加新的元素。

```
>>> tup.append(4)
AttributeError: 'tuple' object has no attribute 'append'
```

可见，在元组中添加新元素，只会导致错误。错误信息的字面意思是：元组对象里是没有“append”这个方法的。但这个错误原因还不是最根本的原因。我们可以再试着通过下标来修改。

```
>>> tup[2] = 10
```

这次的错误信息为：

```
TypeError: 'tuple' object does not support item assignment
```

字面意思是元组不支持赋值。从根本上讲，Python 在设计时避免了一切可能会导致元组发生变化的操作：将其元素设计为不可修改。这让 Python 在使用元组时的性能远远胜过使用列表时的性能。

后续在使用一些 Python 框架时，如果碰到不需要改变的列表数据，都会使用元组。我们在读和写机器学习相关代码时，需要特别留意这一点。

1.1.2 切片

切片操作是 Python 中非常有特色的语法，其简洁的形式有着很强的表现力。

我们先来定义一个列表。

```
>>> lst = [1, 2, 3, 4, 5, 6, 7, 8, 9, 10]
```

在上述列表中，元素与下标的对应关系如表 1-1 所示。

表 1-1 元素与下标的对应关系

元素	1	2	3	4	5	6	7	8	9	10
下标	0	1	2	3	4	5	6	7	8	9

根据表 1-1 可知，要取出从下标 1（包含）到下标 8（不包含）之间的元素，只需要写出下面的表达式即可。

```
>>> lst[1:8]
[2, 3, 4, 5, 6, 7, 8]
```

若想更进一步，把从下标 1（包含）到下标 8（不包含）之间的元素每隔一个取出来，只需要再加一个冒号即可。

```
>>> lst[1:8:2]
[2, 4, 6, 8]
```

切片完整的语法形式如下。

```
[start:end:step]
```

3 个整数分别代表起始下标（start）、结束下标（end）和步长（step）。其中，结束下标的元素是取不到的，这满足了左闭右开的区间规范，与从 C 语言开始的传统是一致的。

Python 的方便之处在于，上述 3 个参数都有默认值，在使用时可以省略。例如：

```
>>> lst[1:]
[2, 3, 4, 5, 6, 7, 8, 9, 10]
```

省略的 end 的默认值为列表的长度，省略的 step 的默认值为 1。因此，上面表达式的含义是从下标 1 开始到列表结束的所有元素。

省略 start 也是可以的，默认的 start 为 0。例如：

```
>>> lst[:5]
[1, 2, 3, 4, 5]
```

还有一种是 3 个参数都省略的情形。

```
>>> lst[:]
[1, 2, 3, 4, 5, 6, 7, 8, 9, 10]
```

这种形式是在 Python 中对列表进行复制的常见操作，在各种源码中经常看到。

1.1.3 列表推导

列表推导是创建列表的常用形式，例如：

```
>>> [x for x in range(10)]
[0, 1, 2, 3, 4, 5, 6, 7, 8, 9]
```

上面的代码创建了由 0 到 9 的元素组成的列表，其结果与下面 for 循环的结果是一样的。

```
>>> lst2 = []
>>> for i in range(10):
...     lst2.append(i)
>>> lst2
[0, 1, 2, 3, 4, 5, 6, 7, 8, 9]
```

很明显，列表推导的写法更加简洁，读起来也更方便。一般来说，用 for 循环创建列表在 Python 中会显得很笨拙。

在添加了 if 表达式后，列表推导还能用来表示更加复杂的构建过程。例如，构建一个 0 到 10 之间的所有偶数组成的列表。

```
>>> [x for x in range(10) if x % 2 == 0]
[0, 2, 4, 6, 8]
```

同样地，我们可以将其转换成对应的 for 循环的写法。

```
>>> lst3 = []
>>> for i in range(10):
...     if i % 2 == 0:
...         lst3.append(i)
>>> lst3
[0, 2, 4, 6, 8]
```

多重循环的列表推导也是可以的，只不过读起来会有些绕。例如：

```
>>> [(x, y) for x in range(3) for y in range(3, 6)]
```

```
[(0, 3), (0, 4), (0, 5),
 (1, 3), (1, 4), (1, 5),
 (2, 3), (2, 4), (2, 5)]
```

将其转换成对应的 for 循环的写法，就是下面的二重循环。

```
>>> lst4 = []
>>> for x in range(4):
...     for y in range(4, 8):
...         lst4.append((x, y))
>>> lst4
```

1.1.4 生成器表达式

在 Python 中还有一种在形式上与列表推导非常像的表达式，即生成器表达式。列表推导使用的是方括号，而生成器使用的是小括号。

下面的语句构造了一个生成器。

```
>>> gen1 = (x for x in range(10))
```

列表推导与生成器不仅仅是形式上的差异，二者得到的结果也是完全不一样的。列表推导的结果是列表，而生成器的结果是一个生成器对象。

我们把 gen1 对象直接打印出来。

```
>>> gen1
<generator object <genexpr> at 0x7f3753551a50>
```

这个对象可以用来生成列表，但它本身并不是列表，而是具备了生成列表能力的对象。要让生成器对象生成列表，需要做一次类型转换，即

```
>>> list(gen1)
[0, 1, 2, 3, 4, 5, 6, 7, 8, 9]
```

可以看出，用生成器来得到列表，比直接用列表推导明显多绕了一圈。不过，如果再做一次相同的类型转换，那么结果就很不一样了。

```
>>> list(gen1)
[]
```

你没看错，这里的输出是空的列表。

我们可以把生成器看作数据产生的源头，每次访问生成器对象，都会得到一个新的数据。不过，每个数据在产生后就会被消耗掉，当生成器能够生成的数据都被用完后，就再也取不出数据了。

使用生成器的好处在于，它在处理大规模数据时只需耗费很少的内存。而列表推导会

把所有数据都放到计算机内存中，对于规模特别大的数据，它是无法应对的。

1.2 NumPy 数组

NumPy 是 Python 数值计算的基础库，也是后续机器学习算法实现的基础。

一般来说，我们都会用 np 别名来导入 NumPy，导入语句如下。

```
>>> import numpy as np
```

1.2.1 创建 NumPy 数组

NumPy 的数组不同于 Python 的列表，但在创建 NumPy 数组时，可用 Python 列表来创建。例如：

```
>>> a = np.array([1, 2, 3, 4, 5, 6])
>>> a
array([1, 2, 3, 4, 5, 6])
```

数组 a 的输出与列表的输出是不一样的，说明这是一种被特殊封装过的对象。

1.2.2 数组的属性

NumPy 数组自带多个属性。通过查看 shape 属性，可获得 NumPy 数组的维度。

```
>>> a.shape
(6,)
```

通过查看 dtype 属性，可获得 NumPy 数组中元素的数据类型。

```
>>> a.dtype
dtype('int64')
```

需要注意的是，NumPy 中的数据类型不同于在 Python 内建的数据类型。dtype 对象包含的内容很丰富，不仅仅是 4 字节或 8 字节的区别。具体来说，dtype 除了给出类型的名字，还包含其所占的字节数、所使用的字节序①，以及复合数据类型的结构。NumPy 甚至还提供了自定义 dtype 的功能。

① 字节序可以是大端，也可以是小端。

1.2.3　reshape

reshape 操作可用来更改 NumPy 数组的维度。

```
>>> a = a.reshape((2, 3))
>>> a
array([[1, 2, 3],
       [4, 5, 6]])
```

reshape 的调用使用了两重小括号，虽然看起来有些奇怪，但是仔细分析可以看出，传入 reshape 函数的参数是用小括号括起来的元组。

更改以后的数组的 shape 属性相应地发生了变化。

```
>>> a.shape
(2, 3)
```

1.2.4　Python 列表与 NumPy 数组

关于 NumPy 数组，我们还有一个重要的问题没有讨论，那就是为什么要创建 NumPy 数组？要知道，Python 原生的列表完全可以用来表示多维数组，并且使用起来很方便。

要明白这一点，就需要了解 Python 列表与 NumPy 数组在结构上的差异。我们先来看一个 Python 列表。

```
>>> lst = [[1, 2, 3], [4, 5, 6]]
>>> lst
[[1, 2, 3], [4, 5, 6]]
```

该 Python 列表在内存中的结构如图 1-1 所示。

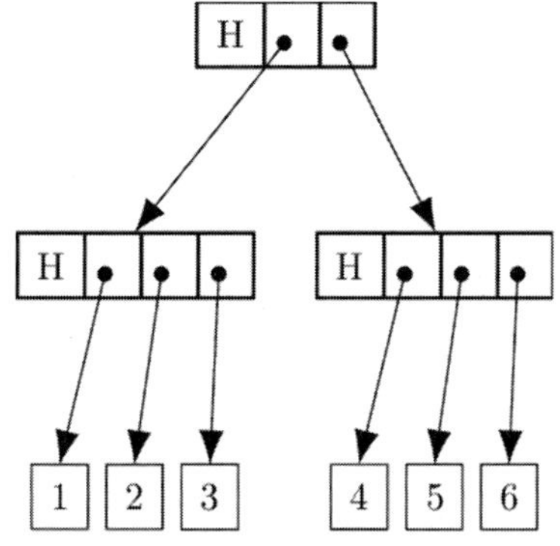

图 1-1　Python 列表在内存中的结构

图 1-1 中的字母“H”表示列表的头部。在 Python 列表的结构里，到处是指针，这是它的灵活性的体现，也是其性能低下的主要原因。也许我们平时在使用列表时会觉得很舒服，但在大量的数据计算环境下，这种结构的性能低下就不能容忍了。

与此对应，我们来看类似的 NumPy 数组。

```
>>> arr = np.arange(1, 7).reshape((2, 3))
>>> arr
array([[1, 2, 3],
       [4, 5, 6]])
```

该 NumPy 数组与前面的 Python 列表有着相同的维度，但它们的内存结构却是完全不同的。NumPy 数组的内存结构如图 1-2 所示。

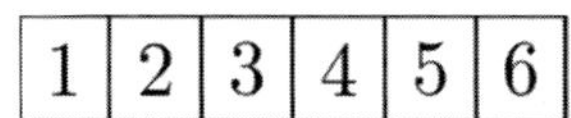

图 1-2 NumPy 数组的内存结构

NumPy 数组的元素是紧密地排列在一起的，要访问某个指定的元素，只需知道其下标即可。而对应的 Python 列表却需要多次指针的访问，效率明显较低。

另外，Python 允许列表中的元素类型互不相同，列表中存放的只有指针，因此，我们可以在 Python 列表中同时存放数值与字符串，或者其他对象。而 NumPy 则要求数组中的元素必须是相同的类型，不允许出现混合元素类型的数组。

1.2.5 创建特定数组

NumPy 提供了不少用于快速创建数组的函数。例如，用 zeros 函数创建全部元素为 0 的数组。

```
>>> np.zeros(3)
array([0., 0., 0.])
```

用 ones 函数创建全部元素为 1 的数组。

```
>>> np.ones(3)
array([1., 1., 1.])
```

用 empty 函数创建未初始化的数组。

```
>>> np.empty(3)
array([4.63907566e-310, 0.00000000e+000, 1.94345452e-109])
```

empty 函数创建出来的数组的值是随意的，使用 empty 函数只是为了分配数组的空间。

1.2.6　创建单调数组

单调数组指元素值为单调递增或递减的数组。我们可以用 arange 函数来生成与 Python 的 range 相同的数字序列。

```
>>> np.arange(6)
array([0, 1, 2, 3, 4, 5])
```

arange 函数允许指定起始值与结束值，步长默认为 1。例如：

```
>>> np.arange(3, 6)
array([3, 4, 5])
>>> np.arange(1, 6, 2)
array([1, 3, 5])
```

linspace 函数将区间平均分割成指定的份数，得到的是分割点的坐标。

得到将区间[0,1]分成 11 等份的分割点坐标的代码如下。

```
>>> np.linspace(0, 1, 11)
array([0. , 0.1, 0.2, 0.3, 0.4,
       0.5, 0.6, 0.7, 0.8, 0.9, 1. ])
```

需要留意的是，区间[0,1]10 等分的分割点坐标是除不尽的小数，即

```
>>> np.linspace(0, 1, 10)
array([0.        , 0.11111111, 0.22222222,
       0.33333333, 0.44444444, 0.55555556,
       0.66666667, 0.77777778, 0.88888889,
       1.        ])
```

只要仔细数一数等分区间的数量与分割点的数量，就可以明白以上两个代码段的区别了。

1.2.7　生成随机数

NumPy 提供了多种随机数生成函数。例如，生成 3 个 0 到 10 之间的随机数的代码如下。

```
>>> np.random.randint(0, 10, 3)
array([6, 2, 4])
```

Python 语言本身也提供了 random.randint 函数。我们也可以用其来生成随机数。

```
>>> import random
>>> random.randint(0, 10)
2
```

虽然以上两个生成随机数函数的名称相同，但生成随机数的范围并不相同。np.random.randint(0, 10)表示生成的随机数来自区间[0, 10)；random.randint(0, 10)表示生成的随机数来自区间[0, 10]。两个函数的关键区别在于，前者不能取到上界 10，而后者可以取到。

NumPy 中还有一个 rand 函数，其生成的是在[0, 1)区间内满足均匀分布的随机数。例如：

```
>>> np.random.rand(3)
array([0.07889968, 0.87058132, 0.43754562])
```

与 rand 函数看起来很相似的是名为 randn 的函数，其生成的是满足标准正态分布的随机数。

```
>>> np.random.randn(3)
array([-1.15072419, -1.83298767,  1.17343223])
```

以上生成随机数的函数在名称上非常相像，需要仔细分辨，一不留神就会混淆。分辨它们的要点在于：

- 带有 int 后缀的函数生成的是随机整数，不带 int 后缀的函数生成的是[0, 1)之间的浮点数。
- randn 中的“n”表示“normal”，代表正态分布。

1.3 NumPy 索引

NumPy 索引形式多样，用法灵活，是一道不容易跨过的学习门槛。跨不过这道门槛，看 NumPy 代码就会像雾里看花，似懂非懂。这里的“雾”其实就是在浓缩的符号后隐含的实现细节。

本节后续的讨论均以下面的数组为基础。

```
>>> a = np.array([1, 2, 3, 4, 5, 6, 7, 6, 5, 4, 3, 2, 1])
```

1.3.1 切片索引

NumPy 数组也实现了切片的语法，因此，我们可像在 Python 列表一样，使用切片的语法来选择数组中的元素。

例如，要选出数组中前半部分的偶数位的元素，可以使用下面的表达式。

```
>>> a[1:7:2]
array([2, 4, 6])
```

如果要让切片的范围包含原数组，那么可以在切片表达式中省略起点与终点，即

```
>>> a[::2]
array([1, 3, 5, 7, 5, 3, 1])
```

1.3.2 布尔索引

布尔索引，顾名思义，指以布尔值作为索引，从原始数组中选出指定元素。布尔索引是后续课程中使用最为频繁的语法，我们需要重点掌握。

为清楚布尔索引的用法，我们有必要先来看下面表达式的结果。

```
>>> a > 5
array([False, False, False, False,
       False,  True,  True,  True, False,
       False, False, False, False])
```

从 Python 语言的角度来看表达式 a > 5，看到的是布尔表达式，其结果只能是 True 或 False。但在这里，a 为 NumPy 数组，它们虽然有着相同的面孔，却有着完全不同的结果。

若把 a 当作数学中的向量，其中第 i 个元素记为 $\boldsymbol{a}_i$，则表达式 a > 5 的结果会是新的向量，新向量的第 i 个元素记为 $\boldsymbol{b}_i$，其中，$\boldsymbol{b}_i = \boldsymbol{a}_i > 5$。

也就是说，分别将 a 数组中的每个元素拿出来，判断它是否大于 5，并将结果作为新数组的对应元素。新生成的布尔型数组中的元素与原数组中的值是一一对应的。

了解了 NumPy 表达式的含义后，我们来看将布尔型数组应用到索引后的效果。

```
>>> a[a > 5]
array([6, 7, 6])
```

要读懂上述代码中的表达式，只要将 a > 5 的结果代入即可。

```
>>> a[[False, False, False, False, False,
       True,  True,  True, False,
       False, False, False, False]]
array([6, 7, 6])
```

在上面的表达式中，表示数组的方括号连续出现了两重的含义是，数组的索引是布尔型数组。以数组作为索引是 NumPy 的重要扩展，后面我们还会看到另一种形式的扩展。

用上面的表达式，我们找出了数组 a 中所有大于 5 的元素。而这样的功能，以前都是需要通过循环来实现的。

1.3.3 更复杂的布尔索引

我们还可以构造更加复杂的布尔索引，例如，找出数组 a 中所有 3 和 5 之间（包括 3 和 5）的值，其代码如下。

```
>>> a[(a >= 3) & (a <= 5)]
array([3, 4, 5, 5, 4, 3])
```

同样地，我们可以先查看用作索引的表达式的结果。

```
>>> (a >= 3) & (a <= 5)
array([False, False,  True,  True,
       True, False, False, False,  True,
       True,  True, False, False])
```

需要注意的是，运算符“&”的含义是“位与”，并非“逻辑与”。

1.3.4 整数数组索引

整数数组索引是另外一种以数组作为索引的 NumPy 扩展语法。作为索引的整数数组的元素是原数组的下标。

我们先来看下面的表达式。

```
>>> a[[1, 2, 3]]
array([2, 3, 4])
```

作为索引的数组[1, 2, 3]表示最终选的数组是由以下元素组成的。

```
array([a[1], a[2], a[3]])
```

有了整数数组索引，我们要选出数组 a 的中间部分的内容可以用 np.arange 来生成索引。

```
>>> a[np.arange(4, 9)]
array([5, 6, 7, 6, 5])
```

在使用整数数组索引时，还需要特别注意索引数组中出现重复下标的情形，例如：

```
>>> a[[1, 1, 2, 1]]
array([2, 2, 3, 2])
```

上述索引数组中反复出现的“1”，表示“a[1]”会反复出现在最终结果中。若不仔细分辨，则很容易在这里犯错误。

1.3.5　索引赋值

NumPy 索引既能用来定位数据，也可以顺便修改选出来的数据。

例如，现在要将数组 a 中所有 3 和 5 之间（包括 3 和 5）的值设置为 0，我们可以用以下代码来完成。

```
>>> a[(a >= 3) & (a <= 5)] = 0
>>> a
array([1, 2, 0, 0, 0, 6, 7, 6, 0, 0, 0, 2, 1])
```

1.4　多维索引

NumPy 数组可以有多个维度。在多个维度的情况下，选择数据的方式更加灵活，也更加复杂。

我们可以用 reshape 函数来将一维的数组转换成多维的数组，例如：

```
>>> a = np.arange(10).reshape(2, 5)
>>> a
array([[0, 1, 2, 3, 4],
       [5, 6, 7, 8, 9]])
```

数组 a 的形状可以表示为(2, 3)，通常也可以说两行三列。

1.4.1　定位单个元素

二维数组的一维下标会是一维的数组。

```
>>> a[0]
array([0, 1, 2, 3, 4])
```

如果要访问单个元素，那么需要用两个维度来标识。

```
>>> a[1, 1]
6
```

如果你感觉这样的写法很古怪，那就要恭喜你了！这说明你的编程经验告诉你，通常情况下，在二维数组中访问单个元素的写法是 a[1][1]。

NumPy 扩展了 Python 下标语法。a[1, 1]其实是语法糖[①]，原本的写法应该是：

① 语法糖虽然用着好用，但没有增加新的功能。

```
>>> a[(1, 1)]
6
```

NumPy 数组的索引其实是一个元组。

当然，我们也可以用传统的方法来访问相同位置上的元素，代码如下。

```
>>> a[1][1]
6
```

a[1][1]的结果与 a[1, 1]的结果是相同的，然而在 NumPy 代码中，基本不会看到 a[1][1]的写法。这是因为在执行该表达式时，必须先选出 a[1]，此时会生成一维临时数组，然后在一维临时数组的基础上使用第二个维度的索引取得对应的元素。很明显，这样的操作耗时太长，性能很差。

1.4.2 多维切片

NumPy 在多维数组上也支持切片的操作。要复制数组，用以下代码即可。

```
>>> a[:]
array([[0, 1, 2, 3, 4],
       [5, 6, 7, 8, 9]])
```

如果要选出偶数列上的元素，那么可以用以下代码来操作。

```
>>> a[:, ::2]
array([[0, 2, 4],
       [5, 7, 9]])
```

行和列的选择也可用切片来表示。选出第 1 行的表达式如下。

```
>>> a[1, :]
array([5, 6, 7, 8, 9])
```

选出第 2 列的表达式如下。

```
>>> a[:, 2]
array([2, 7])
```

1.4.3 newaxis

NumPy 中定义的 newaxis 其实就是 Python 里的 None。我们可以从下面代码的输出中验证这一点。

```
>>> newaxis is None
```

```
True
```

为 None 定义一个新的别名，就是为了让新的别名更好地表达出其真实含义。

newaxis 的含义是“新的维度”。在 NumPy 下标中出现 newaxis，意味着在当前维度位置上会扩展一个长度为 1 的新的维度。这句话比较不好理解，我们来举例说明。首先，确认数组 a 的维度。

```
>>> a.shape
(2, 5)
```

然后，用 newaxis 添加一个新的维度，可以试着将 newaxis 放在最后，即

```
>>> b = a[:, :, np.newaxis]
>>> b
array([[[0], [1], [2], [3], [4]],
       [[5], [6], [7], [8], [9]]])
>>> b.shape
(2, 5, 1)
```

数组原先是二维的，扩展后成了三维，多出来的维度的长度为 1。这就是 newaxis 的作用。

我们还可以把 newaxis 换个位置，放在形状的中间。

```
>>> c = a[:, np.newaxis, :]
>>> c
array([[[0, 1, 2, 3, 4]],
       [[5, 6, 7, 8, 9]]])
>>> c.shape
(2, 1, 5)
```

从输出的 c 的形状可以看出，此时 newaxis 的位置处新增了长度为 1 的维度，相当于在二维数组中的每一行多加了一层中括号。

1.4.4　Ellipsis

Ellipsis 是 Python 的内置对象，其在代码中用“...”来表示。Python 虽然引入了 Ellipsis，但却很少使用它。NumPy 中的 Ellipsis 是在选择多维数组中的元素时的语法糖。

Ellipsis 的用法如下。

```
>>> a[..., 0]
array([0, 5])
```

该表达式的语法效果与下面的写法效果完全相同。

```
>>> a[:, 0]
array([0, 5])
```

你可能要问，写三个点比写一个冒号不是更烦琐吗？

当用 Ellipsis 替换一个冒号时，确是如此，但是若有多个维度，则用 Ellipsis 会更加简洁。例如：

```
>>> b[..., 0]
array([[0, 1, 2, 3, 4],
       [5, 6, 7, 8, 9]])
```

由于 b 的形状是(2, 5, 1)，因此把 Ellipsis 展开就是下面的表达式。

```
>>> b[:, :, 0]
array([[0, 1, 2, 3, 4],
       [5, 6, 7, 8, 9]])
```

1.4.5 整数数组索引

在多维数组中，以整数数组作为索引的用法非常灵活，这也是学习 NumPy 的一个难点。我们先来构造一个形状为(5, 5)的数组。

```
>>> x = np.arange(25).reshape(5, 5)
>>> x
array([[ 0,  1,  2,  3,  4],
       [ 5,  6,  7,  8,  9],
       [10, 11, 12, 13, 14],
       [15, 16, 17, 18, 19],
       [20, 21, 22, 23, 24]])
```

现在把对角线上的元素都选出来，代码如下。

```
>>> x[[0, 1, 2, 3, 4], [0, 1, 2, 3, 4]]
array([ 0,  6, 12, 18, 24])
```

索引中每个维度上的索引是一个整数数组，前一个索引数组表示要取的行索引，后一个索引数组表示要取的列索引。行索引与列索引一一匹配，定位要选出的元素的下标。

直接写出从 0 到 4 的数组，看起来比较低级，可以考虑如下所示的等价写法。

```
>>> x[np.arange(5), np.arange(5)]
array([ 0,  6, 12, 18, 24])
```

接下来，我们讨论一个比较难的问题：选出二维数组中 4 个角上的元素，并组成新的二维数组。

在选对角线时，每个维度上的索引是一维的，最终的结果也是一维的。现在问题要求选出的新数组是二维的，这就意味着每个维度上的索引也需要是二维的。因此每行或每列上都要选出两个元素，对应的行索引与列索引需要重复，即

```
>>> x[[[0, 0], [4, 4]], [[0, 4], [0, 4]]]
array([[ 0,  4],
       [20, 24]])
```

在理解上面的表达式时，要记住，前一个索引表示要取的行，后一个索引表示要取的列。其中，取行的索引是：

```
[[0, 0],
 [4, 4]]
```

它与最终结果数组的维度是一致的，并为最终结果数组的每个位置提供了行索引。与之对应，取列的索引为最终结果数组的每个位置提供了列索引。

NumPy 提供了名为 ix_的函数，专门用于行、列的选择。选出二维数组中 4 个角上的元素，并将其组成新的二维数组的代码可用 ix_函数改写如下。

```
>>> x[np.ix_([0, 4], [0, 4])]
array([[ 0,  4],
       [20, 24]])
```

配合 ix_函数来选择数组元素是很方便的解决方案。在使用时只要记住：前一数组用于选择行，后一数组用于选择列。

作为最后的练习，我们来看下面的表达式都选出了哪些元素？

```
>>> x[np.ix_([0,1,2,3,4], [3,4])]
```

1.5 广播

NumPy 中的 Broadcast 一词在中文环境下一般被称为“广播”。我们这里也这么称呼，不过，这个术语在 NumPy 中的含义与我们日常生活中的广播电台没有任何关系。实际上，称其为“散布”或“散播”更切合实际一些。

广播机制可解决两个不同形状的数组在做算术运算时的对应问题，一个维度较低的数组可以“广播”成较高维度的数组。

1.5.1 一个实例

我们来看两个数组相加的实例。

```
>>> a = np.array([1, 2, 3])
>>> b = np.array([2, 2, 2])
>>> a + b
array([3, 4, 5])
```

a 与 b 相加表示的就是数学中的两个向量的加法，最终结果是两个向量对应位置的元素相加。

有趣的是，由于数组 b 中的元素全部相同，所以在 NumPy 中我们不需要把 b 的元素逐个写出来，可以写成如下形式。

```
>>> a + 2
array([3, 4, 5])
```

在这里，并不是指向量和数字可以相加，而是 NumPy 会将数字扩展成能够与 a 相匹配的形状，然后执行两个向量的加法。这就是 NumPy 中“广播”的行为。

1.5.2 广播的条件

如果两个参与运算的数组的形状不相同，那么 NumPy 就会尝试进行广播。广播会从右往左进行，逐个匹配对应的维度，判断是否兼容，若发现不兼容，则报错。两个维度满足下面的任意一个条件，即被认为是兼容的。

- 两个维度值相同。
- 其中一个维度值为 1。

在判断两个维度是否兼容的过程中，若一方的维度用完，且已经匹配的维度都是兼容的，那么也是可以进行广播的。

对于数字 2，其在 NumPy 中称为标量（scalar），维度可表示为“()”，相当于没有任何维度。标量可以与任意形状的数组做运算，因此，a 和 2 可以相加。

我们再看前面例子中数组 a 的形状。

```
>>> a.shape
(3,)
```

假设数组 a 的形状为(2, 5, 3)，那么，下面形状的数组都可以与之进行运算。

```
(2, 5, 1) #最后的维度为 1，其余维度相同。
(1, 3)    #中间的维度为 1，最后的维度相同。
```

1.5.3 如何广播

清楚广播的规则后，就需要清楚 NumPy 是如何扩展数组的。简单来说，在维度为 1 的情况下，数组对应维度上的数据会被多次复制，看起来就像原来的数据伸展开一样。

我们来看几个广播的例子。

例一

假设数组 a 和数组 b 的形状分别为(5, 1)和(1, 6)，那么当 a 和 b 进行运算时，NumPy 会如何广播呢？

我们从右往左来考虑维度的值，数组 a 首先拿到的维度是 1，数组 b 首先拿到的维度是 6。所谓的扩展，其实也只能扩展维度为 1 的数组。在这里 NumPy 会把 a[:, 0]复制 6 次。

接下来继续取形状中的第二个维度，数组 a 拿到的维度是 5，数组 b 拿到的维度是 1。这时，需要扩展的是数组 b，NumPy 会把 b[0, :]复制 5 次。

例二

假设数组 a 和数组 b 的形状分别为(5, 6)和(6,)，那么当 a 和 b 进行运算时，NumPy 会如何广播呢？

数组 b 其实就是一维数组，可以看成形状为(1, 6)的数组。在运算时，数组 b 会被扩展，NumPy 会把 b[:]复制 5 次。

例三

假设数组 a 的形状为(5, 6)，b 为标量，那么当 a 和 b 进行运算时，NumPy 会如何广播呢？

标量可进行任意扩展，NumPy 会把 b 重复多次，扩展成(5, 6)。

1.5.4　几个操作实例

从前面的理论学习中我们可以知道，所谓广播，其实就是复制维度为 1 的数据，复制的份数由另一数组中对应的维度值确定。

接下来，我们讨论向量运算中的广播行为。

下面的代码定义了两个数组，其形状分别是(4, 1)和(1, 6)。

```
>>> a = np.array([[0], [1], [2], [3]])
>>> a.shape
(4, 1)
>>> b = np.array([[4, 5, 6, 7, 8, 9]])
>>> b.shape
(1, 6)
```

根据广播的规则，a 与 b 是可以运算的，我们可以把两个数组加起来。

```
>>> a + b
```

```
array([[ 4,  5,  6,  7,  8,  9],
       [ 5,  6,  7,  8,  9, 10],
       [ 6,  7,  8,  9, 10, 11],
       [ 7,  8,  9, 10, 11, 12]])
```

其中，a 的广播会把第 0 列复制 6 次，b 的广播会把第 0 行复制 4 次，二者都会广播成形状为(4, 6)的数组，最后，二者相加的结果是形状为(4, 6)的新数组。

再来看一个形状中有三个维度的例子。

```
>>> arr = np.arange(30).reshape(2,5,3)
>>> arr
array([[[ 0,  1,  2],
        [ 3,  4,  5],
        [ 6,  7,  8],
        [ 9, 10, 11],
        [12, 13, 14]],
       [[15, 16, 17],
        [18, 19, 20],
        [21, 22, 23],
        [24, 25, 26],
        [27, 28, 29]]])
```

arr 数组的形状为(2, 5, 3)，有三个维度。我们可以将它与标量相加。

```
>>> arr + 10
array([[[10, 11, 12],
        [13, 14, 15],
        [16, 17, 18],
        [19, 20, 21],
        [22, 23, 24]],
       [[25, 26, 27],
        [28, 29, 30],
        [31, 32, 33],
        [34, 35, 36],
        [37, 38, 39]]])
```

二者相加的结果相当于 arr 数组中的每个元素都加了 10。

我们也可以将 arr 数组中每个列的元素分别加上不同的值。

```
>>> arr + [0, 10, 100]
array([[[  0,  11, 102],
        [  3,  14, 105],
```

```
        [  6,  17, 108],
        [  9,  20, 111],
        [ 12,  23, 114]],
       [[ 15,  26, 117],
        [ 18,  29, 120],
        [ 21,  32, 123],
        [ 24,  35, 126],
        [ 27,  38, 129]]])
```

“+”号右侧的数组[0,10,100]的形状可表示成(3,)，NumPy 在广播时会将其复制多行，其效果相当于原数组中每个列的元素分别加上了不同的值。

1.5.5 原地修改

在运算 NumPy 数组时，除了注意隐含的广播行为，还需要留意原地修改的特性。

当 NumPy 在执行类似于 a + b 的运算时，加法的结果会是新的数组，而这个新数组是需要分配新的内存空间的。如果新数组的容量很大，那么重新分配空间的代价也会比较大。

所谓原地修改，指将数组间运算的结果存在原数组的位置上，不再额外分配内存空间。我们来看一个例子。

```
>>> x = np.arange(5)
>>> y = np.zeros_like(x)
>>> y
array([0, 0, 0, 0, 0])
```

数组 y 是一个元素全为 0 的数组。首先我们可以通过 id 函数查看其内存地址。

```
>>> id(y)
140095108182352
```

然后使用“+=”操作符来执行两个数组的加法，并打印出数组 y 的内存地址。

```
>>> y += x
>>> id(y)
140095108182352
```

可以注意到，y 的内存地址并未发生变化，说明没有分配新的内存空间。

我们换个形式来执行上述两个数组的加法，并打印出数组 y 的内存地址。

```
>>> y = y + x
>>> id(y)
140095108184848
```

这次，y 的内存地址发生了变化，NumPy 为 y 分配了新的内存空间。

当数组的容量很大时，需要考虑是否采用原地修改。

1.6 图像处理

计算机中的图像可以看作多维数组。在本节中，我们将用所学的 NumPy 知识来处理图像。

1.6.1 导入

在导入图像时，我们需要用到两个额外的 Python 库，一个名为 PIL，用来加载图像文件；另一个名为 matplotlib，用来展示图像。这两个 Python 库用下面的 import 语句来导入。

```
>>> import numpy as np
>>> from PIL import Image
>>> import matplotlib.pyplot as plt
```

我们选用著名的 Lena 图（见图 1-3）作为演示的图像。该图像文件可在本书配套的代码仓库里找到。下面的代码演示了将图像文件加载到内存，并将其转换成 NumPy 数组的过程。

```
>>> lena = Image.open('./images/lena_std.tif')
>>> lena = np.array(lena)
>>> lena.shape
(512, 512, 3)
```

图 1-3 Lena 图

标准 Lena 图像的长、宽均为 512 像素，每个像素点用三种颜色的值来表示。将其转换成 NumPy 数组后，就是形状为(512, 512, 3)的数组。

通过 matplotlib.pyplot 的 imshow 函数，可以直接在 Jupyter Notebook 中展示出该图像。

```
>>> plt.imshow(lena)
```

1.6.2 翻转

利用 NumPy 切片语法，很容易就能将图像进行上下翻转，如图 1-4 所示。

```
>>> lena2 = lena[::-1, ...]
>>> plt.imshow(lena2)
```

左右翻转也一样方便，如图 1-5 所示。

```
>>> lena3 = lena[:, ::-1, :]
>>> plt.imshow(lena3)
```

图像翻转的奥秘就在于将切片的步长设置为-1。数组在遍历时的方向与原来的方向正好相反，数据被反过来，图像也就随着被翻转了。

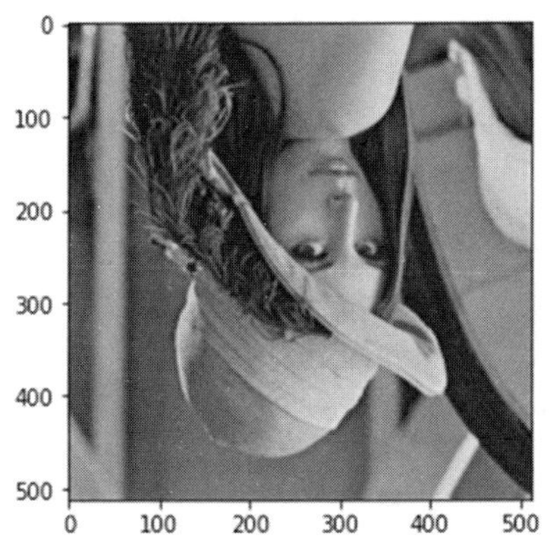

图 1-4　上下翻转的 Lena 图

图 1-5　左右翻转的 Lena 图

1.6.3 截取下半部分

从数组的角度来看，截取图像的下半部分无非是用索引选出一半的元素。我们可以运用以下代码截取 Lena 图的下半部分，如图 1-6 所示。

```
>>> height, width, _ = lena.shape         #把三个维度值取出来
>>> half = height // 2                    #算出高度的一半，注意这里使用整除
>>> lena4 = lena[half: , ...]
>>> plt.imshow(lena4)
```

图 1-6　Lena 图的下半部分

1.6.4　缩小

我们可采用间隔行列采样的方法来缩小图像。具体到操作上，就是将步长设置为 2。缩小了一半的 Lena 图如图 1-7 所示。

```
>>> lena5 = lena[::2, ::2, :]
>>> plt.imshow(lena5)
```

图 1-7　缩小了一半的 Lena 图

我们可以通过打印出新生成数据的形状来验证图像的大小。

```
>>> lena5.shape
(256, 256, 3)
```

1.6.5　纵向拉伸

拉伸图像意味着图像中的某些部分要被重复，NumPy 提供了 repeat 函数来实现数组的重复。我们只需提供元素被重复的次数（必须是整数）和重复的方向即可。纵向拉伸两倍后的 Lena 图如图 1-8 所示。

```
>>> lena6 = lena.repeat(2, axis = 0)
>>> plt.imshow(lena6)
```

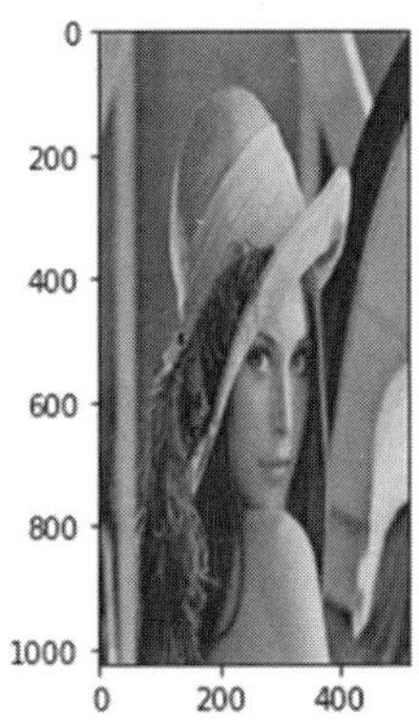

图 1-8　纵向拉伸两倍后的 Lena 图

"axis=0"表示图像的纵向。从图 1-8 中可以看出 Lena 图在纵向被拉伸为原来的两倍。

同样地，我们可以通过新数组的形状来确认图像拉伸的效果。

```
>>> lena6.shape
(1024, 512, 3)
```

1.6.6　遮罩

出于某种目的，我们不想让人看到清晰的图像，但又不想完全隐藏图像，这时就可以考虑遮罩。

遮罩就是破坏图像的数据，不同的破坏方式有着不同的效果。在下面的代码中，我们会找出所有的偶数，并将其置 0。遮罩后的 Lena 图如图 1-9 所示。

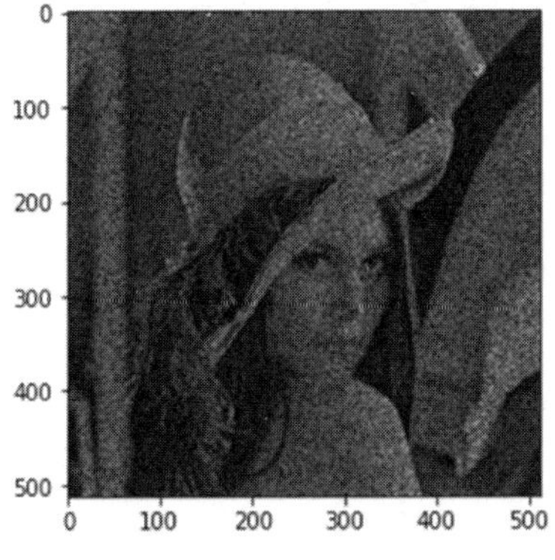

图 1-9　遮罩后的 Lena 图

```
>>> mask = lena % 2 == 0
>>> masked_lena = lena.copy()
>>> masked_lena[mask] = 0 #使用布尔索引赋值
>>> plt.imshow(masked_lena)
```

1.6.7 添加两条对角线

前面我们学习过选出二维数组对角线的语法。利用这个知识，我们可在图像上画两条交叉的对角线。添加两条对角线后的 Lena 图如图 1-10 所示。

```
>>> cross_lena = lena.copy()
>>> cross_lena[np.arange(height), np.arange(width)] = 0
>>> cross_lena[
...     np.arange(height),
...     np.arange(width - 1, -1, -1)
... ] = 0
>>> plt.imshow(cross_lena)
```

图 1-10　添加两条对角线后的 Lena 图

第 2 章

数据分析

本章主要介绍数据分析的基本工具 Pandas。Pandas 功能强大、语法抽象，看似容易，实则较难掌握。学习 Pandas 需要从两个基本概念 Series 和 DataFrame 开始，逐步掌握 Pandas 的基本操作运算。

本章内容包括：

- Series
- DataFrame
- 数据的选择
- 概要与映射
- 分组与排序
- 空值
- 不一致数据的处理

2.1 Series

Series 可看作带索引的一维数组。这种说法当然比较奇怪，因为数组本身就带有下标，而下标就是索引。那么为什么要强调“带索引的”呢？

我们在这里突出“带索引的”，意在强调 Series 的索引除了常见的整数，还可以是字符串、日期等各种对象类型。

2.1.1 简单的 Series

定义一个简单的 Series。

```
>>> obj = pd.Series([18753.73, 21462.69, 22990.35])
```

该 Series 在创建时传入的是 Python 列表，可看作列表的再封装。我们可以查看该 Series 的值。

```
>>> obj.values
array([18753.73, 21462.69, 22990.35])
```

可以看出这就是一个普通的数组。若要查看索引的话，则需要专门访问 index 属性。

```
>>> obj.index
RangeIndex(start=0, stop=3, step=1)
```

2.1.2 指定索引

我们也可以在创建 Series 时指定索引。

```
>>> obj2 = pd.Series([18753.73, 21462.69, 22990.35],
...         index=['2007', '2008', '2009'])
```

上述代码在创建 Series 时指定了 index 属性。新增的属性和值可分别用下面的代码查看。

```
>>> obj2.index
Index(['2007', '2008', '2009'], dtype='object')
```

```
>>> obj2.values
array([18753.73, 21462.69, 22990.35])
```

2.1.3 索引的使用

通过索引可以像使用下标一样来访问对应的值。例如，访问索引为 2007 的值。

```
>>> obj2['2007']
18753.73
```

索引的功能远比下标的功能强大。例如，我们可以同时选出索引分别为 2007 和 2008 的两个数据。

```
>>> obj2[['2007', '2008']]
2007    18753.73
2008    21462.69
dtype: float64
```

还可以选出大于 20000 的数据。

```
>>> obj2[obj2 > 20000]
2008    21462.69
2009    22990.35
dtype: float64
```

其中，表达式 obj2 > 20000 的结果是一个布尔型数组。

```
[False, True, True]
```

obj2[obj2 > 20000]会被转换成下面的表达式。

```
obj2[[False, True, True]]
```

可以看出，NumPy 中的布尔索引在这里也是可以用的。

2.1.4 将 Python 字典转换为 Series

Python 字典可直接转换成 Series。

```
>>> sdata = {'ShangHai': 2426, 'BeiJing': 2152,
...          'GuangZhou': 1324, 'SuZhou': 1060}
>>> obj3 = pd.Series(sdata)
>>> obj3
ShangHai     2426
BeiJing      2152
GuangZhou    1324
SuZhou       1060
dtype: int64
```

虽然 Python 字典中的 key 转换成 Series 中的索引看起来只是换个称呼而已，但是二者在底层的实现是完全不同的。Series 是装饰过的 NumPy 数组，并不要求 index 是唯一的，而在 Python 字典中，key 必须是唯一的。

2.1.5 自定义索引

如果在创建 Series 时指定的索引与 Python 字典中的 key 不一致，那会产生什么结果呢？我们来看下面这段代码。

```
>>> cities = ['BeiJing', 'GuangZhou', 'ChengDu', 'ShangHai']
>>> obj4 = pd.Series(sdata, index = cities)
>>> obj4
BeiJing      2152.0
GuangZhou    1324.0
ChengDu         NaN
ShangHai     2426.0
dtype: float64
```

在上述代码中，我们要注意以下三点。

- sdata 字典中原有的“SuZhou”并未出现在结果中。
- cities 字典中的“ChengDu”出现在结果中，但值为“NaN”。
- 最终结果输出的顺序是 cities 字典中的顺序。

sdata 字典只作为数据的来源，最终想得到什么样的数据，还是以自己指定的 index 为准。

2.1.6 判断 NA 值

NA 值就是通常所说的 null 值，即不存在的值。从 Pandas 的语义上来说，Python 中的 None、NumPy 中的 NaN（Not a Number）和 NaT（Not a Time）都表示 null 值。

null 值的引入会增加逻辑表达式的不确定性，在计算机语言里，null 值都会单独判断。Pandas 本就是为数据处理而生的，在现实世界中采集到的数据又不可避免地会有缺失，因此判断 NA 值也就成为 Pandas 中重要的基础功能。

对于 Series 对象 obj4，可用 Pandas 的 isnull 函数来判断 NA 值。

```
>>> pd.isnull(obj4)
BeiJing      False
GuangZhou    False
ChengDu       True
ShangHai     False
dtype: bool
```

或者，可以将判断的结果反转一下。

```
>>> pd.notnull(obj4)
BeiJing       True
GuangZhou     True
ChengDu      False
ShangHai      True
dtype: bool
```

isnull 函数也是 Series 对象的成员函数，可以通过对象直接调用。

```
>>> obj4.isnull()
BeiJing      False
GuangZhou    False
ChengDu       True
ShangHai     False
dtype: bool
```

2.1.7 索引自动对齐

索引会影响 Series 对象之间的运算。我们来看 obj3 和 obj4 这两个 Series 对象是如何相加的。

obj3 的内容如下。

```
>>> obj3
ShangHai     2426
BeiJing      2152
GuangZhou    1324
SuZhou       1060
dtype: int64
```

obj4 的内容如下。

```
>>> obj4
BeiJing      2152.0
GuangZhou    1324.0
ChengDu         NaN
ShangHai     2426.0
dtype: float64
```

注意到，“SuZhou”只在 obj3 中出现，而“ChengDu”只在 obj4 中出现。二者相加的结果如下。

```
>>> obj3 + obj4
BeiJing      4304.0
ChengDu         NaN
GuangZhou    2648.0
ShangHai     4852.0
SuZhou          NaN
dtype: float64
```

可以看到，“BeiJing”的 4304.0 是 obj3 和 obj4 中两个的“BeiJing”的值相加的结果，而“SuZhou”和“ChengDu”的值均为 NaN。所谓索引对齐，指的就是这样的行为。

2.2 DataFrame

DataFrame 可看作由多个 Series 组成的表，Series 对象即为表中的列。如果把列名当作 Python 字典中的 key，那么 DataFrame 就是以 Series 对象为值的字典。比较重要的一点是，这些 Series 共享相同的 index，在使用时相当于关系数据库中的表。

2.2.1 构建 DataFrame

DataFrame 可直接在 Python 字典中构建。

```
>>> data = {'province': ['浙江', '浙江', '浙江',
...        '广东', '广东', '广东'],
...     'year': [2007, 2008, 2009, 2007, 2008, 2009],
...     'GDP': [18753.73, 21462.69, 22990.35, 31777.01,
...      36796.71, 39482.56]}
>>> frame = pd.DataFrame(data)
>>> frame
  province  year       GDP
0       浙江  2007  18753.73
1       浙江  2008  21462.69
2       浙江  2009  22990.35
3       广东  2007  31777.01
4       广东  2008  36796.71
5       广东  2009  39482.56
```

在上述代码中，最左侧的序号列为 DataFrame 的索引，这是 DataFrame 默认生成的索引。字典中的 key 为列名，字典的值转换成 Series 对象。所有的 Series 共享左侧的索引。

在构建 DataFrame 时，通过传入指定的 columns 属性可控制列名。通过 index 属性可指定 DataFrame 的索引。

```
>>> frame2 = pd.DataFrame(data,
...     columns=['year', 'province', 'GDP', 'debt'],
...     index=['one', 'two', 'three', 'four',
...     'five', 'six'])
>>> frame2
       year province       GDP   debt
one    2007       浙江  18753.73  NaN
two    2008       浙江  21462.69  NaN
three  2009       浙江  22990.35  NaN
four   2007       广东  31777.01  NaN
five   2008       广东  36796.71  NaN
six    2009       广东  39482.56  NaN
```

需要注意的是，列名“debt”并未出现在 data 字典中。生成 DataFrame 后，对应的是所有值均为 NaN 的 Series 对象。

2.2.2 获取指定列

在 DataFrame 中访问指定列的语句如下，其与在 Python 语言中访问字典成员的语句很相似。

```
>>> frame2['province']
one       浙江
two       浙江
three     浙江
four      广东
five      广东
six       广东
Name: province, dtype: object
```

前面讲过，DataFrame 可看作由多个 Series 组成的字典，列名为 key。从这个角度来理解，上面语句就是从该字典中取出指定名称的 Series 对象。由于对列的访问是 DataFrame 中最频繁的操作，因此 DataFrame 也允许像访问属性一样访问列。

```
>>> frame2.year
one       2007
two       2008
three     2009
four      2007
five      2008
six       2009
Name: year, dtype: int64
```

这种类似于访问属性的语法用起来非常方便，不过，它也有缺点：它要求列名中不包含空格之类的特殊字符，特殊字符可能会影响到 Python 语句的解析。如果在列名中出现特殊字符，那么只能使用下标的语法来访问。对于创建新列的行为，在 Pandas 中也只允许使用下标的语法。

2.2.3 获取指定行

相对于在访问列时的简便，对行的访问要稍复杂一些。访问索引为“three”的行的代码如下。

```
>>> frame2.loc['three']
year          2009
```

```
province          浙江
GDP        22990.35
debt            NaN
Name: three, dtype: object
```

loc 的写法是比较特别的，在使用时需要特别留意。从 Python 的语法来看，loc 是在 DataFrame 对象中定义的属性（Property），在 loc 之后的方括号表明这是一个取下标的语法。

在使用 Pandas DataFrame 时，对行与列的引用是很容易引起混淆的。不少人会将 DataFrame 与关系数据库中的表对应起来，也会想当然地代入 SQL 查询中的相关观念。DataFrame 专为 Python 设计，非常灵活，拥有关系数据库表不具备的特性。

与 loc 属性成对的是一个叫作 iloc 的属性，名字开头的字母“i”表示“int”。在使用 iloc 时，要求方括号内的索引为整数。例如，访问 frame2 中的第 1 行的代码如下。

```
>>> frame2.iloc[1]
year           2008
province          浙江
GDP        21462.69
debt            NaN
Name: two, dtype: object
```

在选定行后，loc 和 iloc 还可以限定列。二者的区别在于 iloc 只限于方括号内索引为整数的情形。若要把 frame2 中的第 1 行取出，并且去掉最后一列，则代码如下所示。

```
>>> frame2.iloc[1, :-1]
year           2008
province          浙江
GDP        21462.69
Name: two, dtype: object
```

loc 与 iloc 是 DataFrame 中过滤数据的重要手段，在后续的课程我们会进一步探索其用法。

2.2.4 对列赋值

我们来看对 DataFrame 中的列赋值的效果。

```
>>> frame2['debt'] = 16.5
>>> frame2
      year province       GDP  debt
one    2007       浙江  18753.73  16.5
two    2008       浙江  21462.69  16.5
three  2009       浙江  22990.35  16.5
four   2007       广东  31777.01  16.5
```

```
five    2008        广东  36796.71  16.5
six     2009        广东  39482.56  16.5
```

如果不知道 frame2 是 DataFrame 对象，那么这种赋值看起来就像是对 Python 字典的赋值。在 Pandas 环境下，所有的数据都带有向量的气息。“16.5” 会被展开成由多个 “16.5” 组成的 Series 对象，该 Series 对象的长度与 DataFrame 对象的行数相同。

我们也可以将 NumPy 数组赋值给 DataFrame 对象的列。

```
>>> frame2['debt'] = np.arange(6.)
>>> frame2
      year province       GDP  debt
one    2007        浙江  18753.73   0.0
two    2008        浙江  21462.69   1.0
three  2009        浙江  22990.35   2.0
four   2007        广东  31777.01   3.0
five   2008        广东  36796.71   4.0
six    2009        广东  39482.56   5.0
```

2.2.5 索引对齐

将 Series 赋值给列，会在索引处对齐，代码如下所示。

```
>>> val = pd.Series([-1.2, -1.5, -1.7],
...         index = ['two', 'four', 'five'])
>>> frame2['debt'] = val
>>> frame2
      year province       GDP  debt
one    2007        浙江  18753.73   NaN
two    2008        浙江  21462.69  -1.2
three  2009        浙江  22990.35   NaN
four   2007        广东  31777.01  -1.5
five   2008        广东  36796.71  -1.7
six    2009        广东  39482.56   NaN
```

2.2.6 删除列

删除 DataFrame 中的列的语法与删除 Python 字典中的属性的语法是一样的。下面的代码演示了删除 DataFrame 中的列。

```
del frame2['eastern']
```

删除列后，可通过 columns 属性来确认，即

```
frame2.columns
```

2.2.7 内部的 ndarray

有时候，我们需要获取 DataFrame 对象内部的 NumPy 数组，这时只需要访问 values 属性，即

```
frame3.values
```

2.3 数据的选择

了解了 DataFrame 与 Series，我们就可以找一些现实中的数据进行实际操作。本节我们将从浙江省数据开放平台中找一个较简单的数据集来练习使用 Pandas。

2.3.1 数据开放平台

数据的开放是当前互联网上流行的趋势，尤其是政府数据的公开可以有效提升政府的办事效率。在互联网上可以找到很多政府网站的数据开放平台，里面有各种数据，学会使用 Pandas，就可以自己来分析这些数据了。

我们在浙江省数据开放平台中找到一个名为“浙江省中小学教坛新秀信息”的数据集，以 CSV 的格式下载到本地电脑。如果找不到这个文件，那么可以从教材配套的码云仓库中下载。

接下来，我们用 Pandas 来分析下载的数据。

2.3.2 导入数据

Pandas 提供了读取各种数据的方法，如 Excel 工作表、关系数据库表、json 数据等，使用起来非常方便。CSV 的英文全称是 Comma Separated Values，意思是用逗号分隔的数值。CSV 很常见，很多工具都提供了操作 CSV 文件的接口。在 Pandas 中可以用 read_csv 函数来将 CSV 文件读取到 DataFrame 对象中。

用 read_csv 函数读取下载的“浙江省中小学教坛新秀信息”数据文件，并查看该数据

集的内容，代码如下。

```
>>> stars = pd.read_csv(
...     './datasets/浙江省中小学教坛新秀信息.csv',
...     encoding='gbk')
>>> stars.head()
   序号   年度   姓名      工作单位        获选时间
0  ....  2021  梁振华  德清县第一中学  2021/7/20
1  ....  2021  虞哲骏    镇海中学      2021/7/20
2  ....  2019  吴亚玲  平湖市培智学校  2019/8/14
3  ....  2013  徐多娇  乐清市实验小学  2013/8/27
4  ....  2013  金可泽   南海实验初中  2013/8/27
```

由于数据文件使用了 GB 编码，因此在调用 read_csv 函数时，需要指定 encoding='gbk'。head 函数的功能是显示 DataFrame 的前 5 行。

2.3.3 选择列

将数据加载到 DataFrame 对象中后，用起来就很方便了。例如，选出“工作单位”所在的列的代码如下。

```
>>> stars['工作单位']
0          德清县第一中学
1            镇海中学
2          平湖市培智学校
3          乐清市实验小学
4           南海实验初中
          ...
Name: 工作单位, Length: 1408, dtype: object
```

选出“工作单位”中的第 0 个值也非常简单。

```
>>> stars.工作单位[0]
'德清县第一中学'
```

在上面的代码中，中文属性名直接出现在了代码中，这也是被允许的操作。

2.3.4 选择行

行的选择需要用到 iloc 和 loc 两个属性。例如，选出数据的第 0 行的代码如下所示。

```
>>> stars.iloc[0]
序号        CA8782527A0130AEE0530B4214ACA205
年度                                    2021
姓名                                   梁振华
工作单位                            德清县第一中学
获选时间                             2021/7/20
Name: 0, dtype: object
```

既选择到行、又定位到列也是可以办到的。例如，选出前 10 个“工作单位”可用 iloc 表示，代码如下。

```
>>> stars.工作单位.iloc[:10]
0          德清县第一中学
1             镇海中学
2          平湖市培智学校
3          乐清市实验小学
4           南海实验初中
5        杭州市钱塘实验小学
6      余姚市第五职业技术学校
7          奉化市武岭中学
8          莲都区花园中学
9    宁波市鄞州区古林职业高级中学
Name: 工作单位, dtype: object
```

上述代码中的 iloc 其实是作用在 Series 对象上的，这是因为“stars.工作单位”选出了列，得到 Series 对象。Pandas 在设计时有意让很多 DataFrame 对象与 Series 对象的方法同名，以此减轻学习的负担，在使用时让人感觉是同一个东西。iloc 与 loc 的功能便是如此。

2.3.5 选择指定区域

我们还可以用 Pandas 做更加精细的选择。例如，选出满足下面条件的记录：

- 行下标为 0, 1, 10, 100。
- 列只包括“姓名”“工作单位”和“获选时间”。

在列的选择条件中，给出的是列的名称，如果使用 iloc 属性，那么就需要将这些列的名称替换成对应的下标，这样不是很方便。在一般情况下，只要涉及非数值型的下标选择会首先考虑使用 loc 属性。代码如下。

```
>>> stars.loc[[0, 1, 10, 100],
              ["姓名", "工作单位", "获选时间"]]
```

```
      姓名        工作单位          获选时间
0    梁振华    德清县第一中学    2021/7/20
1    虞哲骏       镇海中学        2021/7/20
10    何锋   宁波市鄞州蓝青学校  2011/9/16
100  赵云杰      杭州聋人学校     2015/8/3
```

2.3.6 布尔型数组

浙江的镇海中学是一所非常出色的中学，若要查看 DataFrame 中所有“镇海中学”所在的行，则利用布尔型数组的操作，只需一个表达式就可以解决。代码如下。

```
>>> stars[stars.工作单位 == '镇海中学']
      序号 年度    姓名   工作单位    获选时间
1     .... 2021  虞哲骏  镇海中学   2021/7/20
157   .... 2021   黄彪   镇海中学   2021/7/20
214   .... 2015  高培圣  镇海中学    2015/8/3
230   .... 2013  陈永益  镇海中学   2013/8/27
```

2.3.7 多个条件的选择

我们来看一个更复杂的选择操作。要求选出满足下面条件的记录：

- 年度在 2010 年到 2020 年之间。
- 工作单位限定在以下 3 个学校：
  - 浙江金华第一中学
  - 嘉兴市第一中学
  - 宁波外国语学校
- 结果集中只保留“年度”“姓名”和“工作单位”。

在上述条件中，前两个条件是针对**行**的限制，第 3 个条件是针对**列**的限制。用 SQL 来对照，第 3 个条件是跟在 SELECT 后面的列名，而前两个条件是 WHERE 从句的过滤。Pandas 中的操作要比 SQL 方便，其代码如下。

```
stars.loc[
    (stars.年度 >= 2010) &
    (stars.年度 <= 2020) &
    (stars.工作单位.isin(['浙江金华第一中学',
                '嘉兴市第一中学',
                '宁波外国语学校'])),
```

```
    ['年度', '姓名', '工作单位']
]
```

只要用到非数值型下标，iloc 就失去了意义，所以在通常情况下，loc 是首选。

在上面的代码中，运用 loc 属性筛选出了行和列。行的筛选是需要特别留意的，在多个用括号括起来的表达式之间用到了位运算符号&，而没有用 Python 中的逻辑与操作符 and。

当在 Pandas 中读这种复杂的逻辑表达式时，非常容易被表面现象所蒙蔽，从而看不出表达式真正的含义，初学者往往会得出一些似是而非的结论。上述代码中的位运算是重载过的，是针对两个布尔型数组的位运算。

```
(stars.年度 >= 2010) & (stars.年度 <= 2020)
```

如果将上述表达式在 Jupyter Notebook 上打印出来，那么可以看到结果是一串的 True 和 False。由于在 Python 中 True 和 False 分别用 1 和 0 来表示，因此二者可做位运算，两个布尔型数组也可做布尔型运算。

由此，我们可以看到，在 loc 属性中通过构造出符合前两个条件的布尔型数组就能筛选出满足要求的行。列的选择只需要给出指定的列名称表即可。

2.3.8 loc 与 iloc

前面我们多次运用到 loc 与 iloc，这两个属性在名称上只差了一个字母 i，但功能都是筛选数据，所以在使用时，一不小心就会混淆。在区分这两个属性时，关键要记住字母 i 表示 int，也就是计算机语言中的“整型”，iloc 只能用于整型下标的场景。

然而，只记住这点区别还是很容易踩进一个很深的坑。下面就是一个会让人抓狂的问题。

请比较下面两个表达式的区别。

```
stars.iloc[0:100]
stars.loc[0:100]
```

两个表达式的输出比较长，这里就不列出来了，希望大家自己动手做实验。

如果你做完实验马上就能看出区别，那你就太了不起了！因为大多数人即使做了实验也不会看出区别。

说实话，我以前也看不出区别，所以你看不出来也完全不用太在意。现在我就来告诉你区别在哪里。

在 iloc[0:100]的结果集中，最后一行的索引下标是 99，这与 Python 切片的语法是一致的。这个表达式会选出 100 行数据，选择的范围若用数学符号来表示则是[0,100)，也就是左闭右开。

而在 loc[0:100]的结果集中，最后一行的索引下标是 100，这是因为 loc 是按值来比较索引的，它必须能够处理字符串、日期类型等其他非整型的索引。而这些类型有时是无法实现左闭右开的，于是在使用 loc 时，Pandas 的约定是左闭右闭。因此该表达式选择的范围可以表示成[0,100]，这导致的结果就是它会选出 101 行数据。

2.4 概要与映射

通常在拿到数据集后，我们会先查看数据集的概要。Pandas 中提供的函数用起来很方便。

本节用到的数据集来自浙江省数据开放平台，读者可到该平台搜索“全省公共图书馆基本信息”。找到该数据集后，选择下载 CSV 格式的文件。该 CSV 文件可用 Pandas 加载。

```
lib = pd.read_csv('./datasets/全省公共图书馆基本信息.csv',
          encoding='gbk')
```

其中，路径按照当前 Python 脚本与 CSV 文件之间的相对位置而定。必须指定使用 GBK 编码，否则数据加载会出现乱码。

2.4.1 查看数据头部

数据集加载成功后，可以通过 head 函数查看数据集的前 5 行数据。

```
>>> lib.head()
   地区编码      单位名称     邮政编码  ...
0  330482     平湖市图书馆    314200    ...
1  330211  宁波市镇海区图书馆  315200    ...
2  330683     嵊州市图书馆    312400    ...
3  331023     天台县图书馆    317200    ...
4  330104     江干区图书馆    310016    ...
[5 rows x 22 columns]
```

lib 数据框中共有 22 列，数据量比较多，这里就不全部展示了。事实上，如果在 Jupyter Notebook 环境下执行 head 函数，是会看到省略号的，因为在默认情况下，在面对过多的列时，Jupyter Notebook 会省略掉部分行和列。

2.4.2 查看所有的列名

如果要查看 DataFrame 中所有列的名称，那么访问 columns 属性即可。

```
>>> lib.columns
Index(['地区编码', '单位名称', '邮政编码', '详细地址',
       ...
       '组织机构代码', '年份'],
      dtype='object')
```

从列的名称可以看出哪些图书馆的信息被放在了 DataFrame 对象中。

2.4.3 查看数据概要

数据概要指总数、平均值、标准差、最大值、最小值等统计指标，Pandas 提供了 describe 函数，它能够把每列的统计指标列出来，代码如下。

```
>>> lib.describe()
          地区编码          邮政编码      总藏量        ...
count    303.000000    303.000000  3.030000e+02  ...
mean  330614.656766  316698.313531  4.641153e+05  ...
std      635.832552   12576.100832  8.223543e+05  ...
min   330101.000000  202450.000000  0.000000e+00  ...
25%   330282.500000  313054.500000  0.000000e+00  ...
50%   330523.000000  317000.000000  2.636330e+05  ...
75%   330900.000000  323400.000000  5.782800e+05  ...
max   339900.000000  325800.000000  6.906382e+06  ...
```

对“地区编码”这样的列求平均值、最大值、最小值一点意义也没有。Pandas 在计算时，只考虑该列的值是否为数值型。若是数值型，则算出统计指标，至于统计指标的含义，Pandas 是不管的；若不是数值型，则干脆就不去算了。

2.4.4 计算数值的频率

在做数据分析时，value_counts 函数经常会被用到。例如，公共图书馆数据中名为“评估定级情况”的列将不同图书馆分成了“一级馆”“二级馆”等。若我们想看每个级别的公共图书馆的数量，则在 Pandas 中调用 value_counts 函数就能做到。

```
>>> lib.value_counts('评估定级情况')
评估定级情况
一级馆    195
二级馆     56
无等级馆    38
三级馆     14
dtype: int64
```

2.4.5 与平均值的差

公共图书馆的“总藏量”表示该图书馆的藏书总量，为了衡量每个图书馆藏书量的情况，可以用该馆藏书量与所有图书馆藏书量平均值的差来表示。也就是总藏量减去平均值：

```
lib.总藏量 - lib.总藏量.mean()
```

上述表达式粗看像是两个数字相减，实则减号后面的平均值会扩展成 Series 对象，并且保证在进行减法运算时，两个 Series 对象的索引与容量会保持一致。该减法其实是两个向量之间的减法。

2.4.6 map 的用法

仔细看数据集中公共图书馆的名称我们可以发现，公共图书馆的命名其实是比较混乱的，没有统一的标准。如有“宁波市镇海区图书馆”，也有“江干区图书馆”。前者是以行政市加行政区的形式命名的，而后者只给出了行政区，至于其所属的行政市是什么，还得另外去找。

该问题也是现实中的数据经常会出现的情形，尽管表中每个列都有数据，但人们在填表时对同一列中要填的内容，其实又有不同的理解，于是填出的数据也就不一致了。

现在，假设我们要做这样一件事：统计出金华市和宁波市这两个市各自的公共图书馆数量。

我们会发现，由于不能保证属于金华市的公共图书馆必定以“金华”二字开头，属于宁波市的公共图书馆也不一定以“宁波”二字开头，因此要在这个数据框中直接找出问题的答案非常困难。我们只能来求解一个相似的问题：分别找出单位名称中有“金华”和“宁波”字样的公共图书馆数量。

```
>>> jh = lib.单位名称
        .map(lambda name: '金华' in name)
        .sum()
```

```
>>> nb = lib.单位名称
      .map(lambda name: '宁波' in name)
      .sum()
>>> pd.Series([jh, nb], index = ['金华', '宁波'])
金华     8
宁波    19
dtype: int64
```

我们在上述代码中用到了 map 操作，其功能是将 lambda 函数应用到 Series 对象的每个元素上。“lambda name: '金华' in name”用来判断单位名称中是否有“金华”二字，若有则为 True，Python 内部值为 1；若没有则为 False，Python 内部值为 0。map 运算的结果将所有的单位名称转换成一系列的 1 和 0。对这个布尔型数组求和，得到的结果就是带“金华”二字的单位名称的数量。

为了方便展示，代码最后以 Series 的形式输出结果。

2.4.7 apply 的用法

从对公共图书馆的等级的统计数据可以看出，绝大多数的图书馆是一级馆。我们也可以自己来定义公共图书馆的等级，分级的规则如下。

- A 级：总藏量和电子图书的数量之和大于等于 10000000，实际使用公用房屋建筑面积大于等于 10000。
- B 级：总藏量和电子图书的数量之和大于等于 5000000，实际使用公用房屋建筑面积大于等于 5000。
- C 级：其余图书馆。

现在我们根据自定义等级，列出各个等级的公共图书馆的数量。

Pandas 中有一个与 map 很相似的函数，叫作 apply。apply 函数的声明如下。

```
DataFrame.apply(func, axis=0, ...)
```

axis 参数无论是在 NumPy 中，还是在 Pandas 中，均为理解向量运算的关键因素。函数中出现 axis 参数，就意味着该函数有逐行调用（axis=1）与逐列调用（axis=0）两种用法。

仔细分析题目可以看到，分级的问题涉及一行中的多个元素，这是 map 不能处理的。要计算出公共图书馆的等级，需要“总藏量”“电子图书”和“实际使用公用房屋建筑面积”三个属性。计算函数定义如下。

```
def calc(row):
    total = row.总藏量 + row.电子图书
    area = row.实际使用公用房屋建筑面积
```

```
    if total >= 10000000 and area >= 10000:
        return 'A'
    elif total >= 5000000 and area >= 5000:
        return 'B'
    else:
        return 'C'
```

calc 函数通过参数可以得到 DataFrame 中的一行，我们将其命名为“row”。公共图书馆的各个属性均可通过 row 来访问。calc 函数的返回值为 apply 函数针对 DataFrame 中的一行算出来的等级名。

有了 calc 函数，求每个自定义等级的公共图书馆的数量就变得非常容易了，代码如下。

```
>>> lib.apply(calc, axis='columns').value_counts()
C    293
B      8
A      2
dtype: int64
```

从上述代码可以看出，满足自定义分类条件的 A 类图书馆较少，大多数图书馆被分到了 C 类。看样子，这种分法也不太合理。

2.4.8 map 与 apply 的区别

Pandas 中的 map 与 apply 都是对数据的映射，而且其第一个参数（func）均为函数对象。根据英文名称本身的含义二者很难看出区别。因此在使用时，要把握以下几点:

- map 定义在 Series 对象上，apply 定义在 DataFrame 对象上。
- apply 函数带有 axis 参数，在默认情况下 axis 取 0，也就是逐列调用 func。
- 在为 map 提供映射函数时，传递进来的参数是 Series 对象中的单个元素。在为 apply 提供映射函数时，传递进来的参数是 DataFrame 中的一行（或一列）。

总而言之，二者是应用在不同维度上的函数，map 是对一维数组的映射，apply 是对二维数据框的映射。

2.5 分组与排序

分组与排序是数据分析中很重要的工具，相当于 SQL 中的 GROUP BY 和 ORDER BY。Pandas 的分组代码是被精心设计过的，粗看与普通的 Python 代码非常相像。但如果你只停留在这种印象中的话，那就完全入不了 Pandas 的编程之门了。

Pandas 的易用其实是种伪装。为了做好这层伪装，Pandas 做了大量的工作，使用者若是看不透这层伪装，则往往掌握不到精髓。

我们接下来用 winemag 数据集①来展示 Pandas 中的分组与排序。

2.5.1 导入数据

winemag 数据集收集的是世界各地的葡萄酒的品评数据。一些被称为品酒师的人，他们谋生的技能在于品尝酒，即品尝世界上各种各样的葡萄酒，喝完后做出评价。winemag 数据集里就是品酒师的评价信息，以及酒类自身的一些信息。

winemag 数据集加载如下。

```
>>> import pandas as pd
>>> reviews = pd.read_csv(
...     'datasets/winemag-data-130k-v2.csv',
...     index_col=0)
```

我们通过一条记录来熟悉该数据集的内容。

```
>>> reviews.iloc[0]
country                                               Italy
description              Aromas include tropical fruit...
designation                                    Vulkà Bianco
points                                                   87
price                                                   NaN
province                                  Sicily & Sardinia
region_1                                               Etna
region_2                                                NaN
taster_name                                    Kerin O'Keefe
taster_twitter_handle                          @kerinokeefe
title                   Nicosia 2013 Vulkà Bianco  (Etna)
variety                                         White Blend
winery                                              Nicosia
Name: 0, dtype: object
```

记录的信息主要分为 3 类：

- 葡萄酒本身的信息。如国家（country）、省份（province）、酿酒厂（winery）等。

① 该数据集来自 kaggle 网站。

- 品酒师的相关信息。如品酒师的名字（taster_name）、品酒师的 twitter 账号（taster_twitter_handle）等。
- 评价信息。如品酒师给出的评价（description）、品酒师给出的评分（points）等。

2.5.2 分组统计

我们以品酒师的 twitter 账号作为分组依据，统计每位品酒师的评价次数。代码如下。

```
>>> reviews.groupby('taster_twitter_handle').size()
taster_twitter_handle
@AnneInVino         3685
@JoeCz             5147
@bkfiona              27
...                ....
dtype: int64
```

要理解上述代码，需要特别留意 size 函数的用法。从表面上看，size 函数无非是被当作某个对象的成员函数来调用的。从编程语言的语义上来说这是没问题的，但在 Pandas 的代码中，同样的 size 成员函数却有着并不相同的含义。

DataFrame 对象中就有 size 成员函数。如 reviews.size 会得到数据的行数，结果是特定的某个值。但上述代码的结果为何会有许多值呢？

表达式 reviews.groupby('taster_twitter_handle')的结果是 GroupBy 对象，Pandas 也为 GroupBy 对象定义了 size 成员函数。不过 GroupBy 对象的 size 成员函数不同于 DataFrame 对象的 size 成员函数，前者是针对各个分组逐次调用 size 函数，调用次数由组的个数来定；后者只调用一次。

Pandas 代码从表面上看与 Python 代码没有区别，但 Pandas 的运算主要是 Series 的运算，相当于向量的运算，比通用问题的运算高了一个维度，所以 Pandas 代码有一定的迷惑性。

2.5.3 分组最小值

品酒师给出的评分在 points 列中，酒的价格在 price 列中。现在我们要找出每个评分点上最便宜的酒，代码如下。

```
>>> reviews.groupby('points').price.min()
points
80     5.0
```

```
81      5.0
82      4.0
...     ...
Name: price, dtype: float64
```

这段代码与上一节的代码类似，也在平常的属性访问中潜藏着 Pandas 刻意做好的封装。访问 price 属性得到的不是单个的 Series 对象，而是多个分组的 Series 对象。 min 函数的调用也并非只调用一次，而是在每个分组的 Series 对象上逐个调用的。

2.5.4 用 lambda 函数做分组统计

Pandas 本身提供的统计函数的功能比较有限，针对更特殊的问题，往往需要定制分组后的统计结果。

如何实现从每个酿酒厂（winery）中挑出一种酒呢？

先对 winery 进行分组，再在每个组中挑出第一种酒。用 Pandas 实现的代码如下。

```
>>> reviews.groupby('winery')
...         .apply(lambda df: df.title.iloc[0])
winery
1+1=3          1+1=3 NV Rosé Sparkling (Cava)
10 Knots    10 Knots 2010 Viognier (Paso Robles)
                                           ...
Length: 16757, dtype: object
```

我们在 DataFrame 对象上用过 apply 成员函数，现在，GroupBy 对象上也有 apply 成员函数可用。表面上看二者的第一个参数虽然均为函数对象，但传递给这两个函数对象的参数却是不同的。

对数据集按 winery 分组后，apply 成员函数将为每个组员应用 lambda 函数，传递给 lambda 函数的参数即为分组的组员，那么该组员是什么类型的对象呢？

在上述代码中，传递给 apply 成员函数的 lambda 函数是这样定义的：

```
lambda df: df.title.iloc[0]
```

我们把参数命名为“df”就是想表明这里参数的类型其实是 DataFrame。lambda 函数返回的表达式是取出 DataFrame 对象中的第 0 行的“title”字段。

根据 apply 成员函数的用法，我们可以从另一个角度来理解分组。对 DataFrame 对象分组的效果相当于将该 DataFrame 对象拆分成多个更小的 DataFrame 对象，这些更小的 DataFrame 对象即通常意义上的“组”。分组而得的 GroupBy 对象可看成是多个更小的 DataFrame 对象的集合。

2.5.5 更复杂的分组

Pandas 的表现力很强，综合运用各种成员函数可以解决更加复杂的分组问题。

我们先来看一个问题：统计出每个省份得分最高的酒。

用 Pandas 代码统计很简短（省略输出）。

```
>>> reviews.groupby(['country', 'province'])
...         .apply(lambda df: df.loc[df.points.idxmax()])
```

为避免不同国家（country）里可能出现同名省份（province）的问题，在分组时需要将国家和省份一起进行考虑。在 Pandas 中，多个字段的分组只需在调用 groupby 时传入多个分组字段名的 list 对象。

我们再来看下面的表达式：

```
df.loc[df.points.idxmax()
```

idxmax 函数的作用是取出最大值所在的索引。得到该索引后将其传入 loc 即可得到 points 值最大的行。

2.5.6 同时使用多个聚合函数

目前为止，我们使用的聚合操作的结果均为 Series 对象，Pandas 也允许同时使用多个聚合函数。具体做法就是将多个聚合函数的名称作为参数传入 agg 函数。我们来看下面的示例。

找出每个品类（variety）的最低价与最高价，要求结果是 DataFrame 形式的代码如下。

```
>>> reviews.groupby('variety')
         .price
         .agg(['min', 'max'])
              min    max
variety
Abouriou     15.0   75.0
Agiorgitiko  10.0   66.0
Aglianico     6.0  180.0
Aidani       27.0   27.0
Airen         8.0   10.0
```

```
...             ...    ...
[707 rows x 2 columns]
```

2.5.7 分组后的排序

由于 GroupBy 的成员函数与 DataFrame 的成员函数高度相似，所以对 GroupBy 的结果进行排序与在 DataFrame 对象上的操作几乎是一样的。我们来看下面的示例。

找出最常见的国家（country）与品类（variety）的组合，并给出每个组合被记录的数量，按值的大小从高到低排列。代码如下。

```
>>> reviews.groupby(['country', 'variety'])
...        .size()
...        .sort_values(ascending=False)
country  variety
US        Pinot Noir                 9885
         Cabernet Sauvignon          7315
         Chardonnay                 6801
France   Bordeaux-style Red Blend    4725
Italy    Red Blend                   3624
                                ...
```

可以看出，sort_values 用起来与 DataFrame 对象上的同名函数没有太大不同。不过，这里的 sort_values 会对每个分组逐个调用一次。

2.5.8 区分不同的 apply 函数

前面我们已经多次见到 apply 函数，现在专门来比较不同对象下的 apply 函数。几个相关的 apply 函数的声明（省略部分参数）如下。

```
Series.apply(func)
DataFrame.apply(func, axis=0)
GroupBy.apply(func)
```

上述三个函数的主要区别在于传递给 func 映射函数的参数的维度不同。Series 对象是一维的，传递给 func 的参数只能是一维向量里的单个元素，或者说传递给 func 的参数是标量（零维）。DataFrame 对象本身是二维的，传递给 func 的参数只能是一维的。GroupBy 对象可看作三维，传递给 func 的参数是二维的。

2.5.9 带“max”的函数

Pandas 中带“max”的函数有 3 个，分别是 max、idxmax、argmax。max 函数很容易理解，即找出最大元素。idxmax 函数和 argmax 函数都是找出最大元素所在的下标，二者的区别在于，argmax 函数的下标只能是数值，而 idxmax 函数的下标可以是其他任何数据类型。

2.6 空值

现实世界中的数据来源是五花八门的，在采集的过程中可能并没有统一的标准。于是，我们经常需要面对空值。

空值在编程语言中有各种各样的称呼，如 Python 里的“None”、Java 里的“null”。在 Pandas 里，我们一般用“NaN”来表示。“NaN”用英文来说就是“Not a Number”，字面意思是“非数字”，但只要是不存在的值都可以用“NaN”来表示。

空值一直是计算机科学的麻烦问题。究其原因，就是因为当判断某个值是否为空值时，不能借助现有的布尔逻辑。将非空值与空值比较，总会得到 False，此时就判断不出哪些值是空值。因此，在计算机的世界里，空值会享受特殊的待遇，编程语言会提供专门的手段来检测空值。

Python 语言本身也能判断空值。如判断变量 a 是否为空，只需使用下面的表达式即可。

```
a is None
```

Pandas 在面对向量数据时，提供了一套自定义的函数来判断空值。接下来，我们就通过一个 FIFA 数据集来学习 Pandas 中的空值处理方法。

2.6.1 FIFA 数据集

数据集加载如下。

```
>>> players = pd.read_csv('./datasets/fifa19.csv',
...                       index_col=0)
```

数据集中的数据比较多，这里就不罗列出来了。该数据集收集的是足球运动员的相关信息，主要内容包括：

- 个人信息，如姓名（Name）、年龄（Age）、国家（Nationality）等。
- 俱乐部信息，如俱乐部名称（Club）、薪水（Wage）等。

- 技术评分，如下底传中（Crossing）、凌空能力（Volleys）等。

2.6.2 查看空值的数量

FIFA 数据集共有 88 列，18207 行。这样的数据量，用肉眼查找空值就跟大海捞针一样。我们可以用下面的操作来查看该数据集中空值的数量。

```
>>> missing_values = players.isnull().sum()
>>> missing_values
ID                  0
Name                0
                 ...
GKReflexes          48
Release Clause    1564
Length: 88, dtype: int64
```

这里的计算依旧是进行真假判断，得到布尔型数组后再求和。

2.6.3 计算空值的百分比

由于列的数量太多，因此只列出每列空值的总数还是不容易看清楚。下面，我们来算一算空值占数据总数的百分比，代码如下。

```
>>> missing_values.sum() / np.product(players.shape)
0.04804845289274355
```

分母 np.product(players.shape)表示将 players 数据框的维度相乘，结果正好是数据的总数。分子是对按列求出的空值数求和，得到总的空值数。如果不引用上一次运算的结果，分子也可写成下面的形式：

```
    players.isnull().sum().sum()
```

2.6.4 清除空值

空值放任不管会影响数据分析的结果。处理空值的第一种方案是删除空值，Pandas 提供的函数为 dropna，我们先来调用 dropna 函数。

```
>>> players.dropna()
Empty DataFrame
```

```
Index: []
[0 rows x 88 columns]
```

代码的输出告诉我们结果为空集，即原来的数据没有了。这样的结果显然不是我们想要的。我们只是想把空值清除掉，结果却把整个数据集都清空了。

我们需要仔细分析下，在程序设计中，所谓的清除空值的操作是什么含义？

创建 DataFrame 对象其实是在内存中为数据分配指定的空间。所谓清除空值，其实只是将原来的数据移动到新的地方。我们不可能将数据凭空删除，要清除数据，就要从原来的数据中挑出想要的部分内容，并将其复制到新的位置上。在这样的过程中，如果清除行或列的某个位置上的一个数据，那么会造成维度的混乱。

要清除空值，要么把空值所在的行清除，要么把空值所在的列清除。Pandas 的默认行为是按行清除空值。上述代码之所以会得到空集，就是因为在每个球员的 88 列数据中，至少有一个空值，于是 dropna 函数就把每一行都清除了。

2.6.5　清除带有空值的列

清除所有的行并不是我们想要的结果。清除带有空值的列或许是一个可以接受的方案，其代码如下。

```
>>> players_dropped = players.dropna(axis=1)
```

只要在参数中指定 axis=1，就可以清除带有空值的列。

我们还可以算一算有多少列被清除了。

```
>>> len(players.columns) - len(players_dropped.columns)
76
```

可以看出，原来的 88 列数据被清除了 76 列，只剩下了 12 列。

2.6.6　填充空值

除了清除带有空值的列，我们也可以选择一种不那么激进的方案：填充空值。Pandas 为此提供了 fillna 函数。

我们先来观察“Crossing”列在以下指定范围内的值。

```
>>> pd.set_option('display.max_rows', 100)
>>> crossing_na = players.loc[
...     13230:13290,
```

```
...     ['Name', 'Crossing']
... ]
>>> crossing_na
                  Name  Crossing
13230          J. Tell      59.0
13231        A. Altuna      46.0
13232         A. Rizzo      61.0
13233        L. Thomas      50.0
13234      R. Schlegel      33.0
13235       D. Montoya      48.0
13236       J. McNulty       NaN
                   ...
13283      Han Pengfei       NaN
13284       Lee Min Gi      54.0
                   ...
```

设置“display.max_rows”参数是为了让Pandas展示更多的行，方便我们观察。不过在本书中，我们对输出做了省略。总的来说，“Crossing”在索引为13236至13283范围内的值均为“NaN”。

在Pandas中用于填充空值的函数叫作fillna，在fillna函数中有个参数叫作method，用于指定空值的填充方式。接下来，我们可以用ffill方式来填充。

```
>>> crossing_na.fillna(method='ffill', axis=0)
                  Name  Crossing
13230          J. Tell      59.0
13231        A. Altuna      46.0
13232         A. Rizzo      61.0
13233        L. Thomas      50.0
13234      R. Schlegel      33.0
13235       D. Montoya      48.0
13236       J. McNulty      48.0
                   ...
13283      Han Pengfei      48.0
13284       Lee Min Gi      54.0
                   ...
```

ffill指“forward fill”，其含义是用排在空值前的值来填充空值。“Crossing”在索引为13236至13283范围内的值会用索引为13235的值，也就是“48.0”来填充。从上面的输出中可以看出，原先为“NaN”的位置全部被填充了“48.0”。

我们还可以用bfill方式来填充。

```
>>> crossing_na.fillna(method='bfill', axis=0)
              Name  Crossing
13230      J. Tell      59.0
13231    A. Altuna      46.0
13232     A. Rizzo      61.0
13233    L. Thomas      50.0
13234  R. Schlegel      33.0
13235   D. Montoya      48.0
13236   J. McNulty      54.0
               ...
13282   O. Marrufo      54.0
13283  Han Pengfei      54.0
13284   Lee Min Gi      54.0
               ...
```

bfill 指“backward fill”，其含义是用排在空值后的值来填充空值。“Crossing”在索引为 13236 至 13283 范围内的值会用索引为 13284 的值，也就是“54.0”来填充。从上面的输出中可以看出，原先为“NaN”的位置全部被填充了“54.0”。

2.6.7　用平均值来填充空值

我们也可以选择用指定值来填充空值，如平均值，代码如下。

```
>>> mean_crossing = players.Crossing.mean()
>>> crossing_na.fillna(mean_crossing)
              Name   Crossing
13230      J. Tell  59.000000
13231    A. Altuna  46.000000
13232     A. Rizzo  61.000000
13233    L. Thomas  50.000000
13234  R. Schlegel  33.000000
13235   D. Montoya  48.000000
13236   J. McNulty  49.734181
               ...
13283  Han Pengfei  49.734181
13284   Lee Min Gi  54.000000
13285   C. Maloney  52.000000
               ...
```

2.6.8 返回值

无论是 fillna 函数，还是 dropna 函数，调用后的结果都是新的数据框对象。因此，对函数调用后就可以直接观察到结果。这个行为也告诉我们，清除空值也好，填充空值也罢，都是对原数据框的复制。

如果要让清除空值或填充空值后的结果替换掉原始的值，那就需要做额外的赋值操作。例如：

```
>>> crossing_na = crossing_na.fillna(mean_crossing)
```

2.7 不一致数据的处理

不一致数据指同一个数据在数据集里有着不同的表现形式。如表示城市，有的数据项会记成“上海”，而有的数据项可能会记成“上海市”，或者“中国上海”。这样的数据，人去看当然可以分辨，但要让计算机分辨，难度是很大的。事实上，我们是不能指望有百分之百准确的解决方案的。

在本节中，我们介绍一种比较简便的处理方法。

2.7.1 TheFuzz 库

TheFuzz 库由 Python 语言编写而成，非常简便易用，可用于字符串的模糊匹配。要在开发环境中使用 TheFuzz 库，需要专门进行安装。安装命令如下。

```
pip3 install python-Levenshtein thefuzz
```

安装完成后，还需要导入相关的模块，即

```
>>> from thefuzz import process
>>> from thefuzz import fuzz
```

2.7.2 数据集

我们需要加载一个名为 pakistan_cities[①]的数据集。这个数据集收集的是对发生在巴基斯坦的一系列事件的记录。在本节课程的练习中，我们只关心“City”字段的值，其他的信息可以忽略。

① 该数据集来自 kaggle 网站。

数据集加载如下。

```
>>> df = pd.read_csv('./datasets/pakistan_cities.csv')
```

2.7.3　unique

我们需要用 unique 来查看数据集中不同的 City。为方便比较，我们把城市的名称排序后打印出来。

```
>>> cities = df.City.unique()
>>> cities.sort()
>>> cities
array(['ATTOCK', 'Attock ', 'Bajaur Agency',
       'Bannu', 'Bhakkar ', 'Buner',
       'Chakwal ', 'Chaman', 'Charsadda',
       'Charsadda ', 'D. I Khan',
       'D.G Khan', 'D.G Khan ', 'D.I Khan',
       'D.I Khan ', 'Dara Adam Khel',
       ...
       'Sukkur', 'Swabi ', 'Swat',
       'Swat ', 'Taftan',
       'Tangi, Charsadda District',
       'Tank', 'Tank ', 'Taunsa',
       'Tirah Valley', 'Totalai',
       'Upper Dir', 'Wagah', 'Zhob', 'bannu',
       'karachi', 'karachi ',
       'lakki marwat', 'peshawar', 'swat'],
      dtype=object)
```

城市的名称很多，我们省略了部分输出。

可以看到，城市的名称没有统一的规范，非常不适合用计算机来处理。例如，有的城市名称的后面带有空格，“Tank　”其实与“Tank”所表示的城市是相同的；还有的城市名称的大小写不一致，如“Swat”和“swat”。但这些字符上的细微差异都会使计算机把它们当作不同的城市。

2.7.4　清除大写与空格

对于这些不一致的数据，我们首先要做的就是将 City 的表达形式全部转换成小写，并清除字符前后的空格。同样地，将城市的名称在排序后打印出来，代码如下。

```
>>> df['City'] = df['City'].str.strip()
>>> df['City'] = df['City'].str.lower()
>>> cities = df['City'].unique()
>>> cities.sort()
>>> cities
array(['attock', 'bajaur agency', 'bannu',
      'bhakkar', 'buner', 'chakwal',
      'chaman', 'charsadda',
      'd. i khan', 'd.g khan', 'd.i khan',
      ...
      'swat', 'taftan',
      'tangi, charsadda district',
      'tank', 'taunsa',
      'tirah valley', 'totalai',
      'upper dir', 'wagah', 'zhob'],
     dtype=object)
```

清除了字符中的大写和字符前后的空格后，数据变得干净多了。不过，一个更麻烦的问题也随之浮现出来。

“d. i khan”与“d.i khan”是同一个城市，二者的差别是字符串中间的一个空格，而 strip 函数只能去除字符前后的空格，对字符串中间的空格却完全无能为力。

另外，“d.g khan”很可能是在输入“d.i khan”时拼错了一个字母。

对于上述问题，用人的肉眼来分辨是很不现实的。尽管对于上面的数据集人眼是能够分辨的，但数据再多一些，人就完全无法承受了。我们必须找到计算机的解决方案。

2.7.5 模糊匹配

我们可以用 TheFuzz 模块来查找与“d.i khan”最匹配的城市，并列出前 10 个。

```
>>> matches = process.extract(
...     'd.i khan',
...     cities,
...     limit=10,
...     scorer=fuzz.token_sort_ratio)
>>> matches
[('d. i khan', 100),
```

```
('d.i khan', 100),
('d.g khan', 88),
('khanewal', 50),
('sudhanoti', 47),
('hangu', 46),
('kohat', 46),
('dara adam khel', 45),
('chaman', 43),
('mardan', 43)]
```

TheFuzz 模块的使用非常方便，其输出的数据由多个元组构成，元组的第 0 个元素是匹配的城市名称，第 1 个元素是模糊匹配算法给出的匹配分数。可以看到，“d.i khan”与“d. i khan”之间是完全匹配的；“d.i khan”与“d.g khan”之间的匹配分数是 88 分。分数越低，名称之间的差距就越大。

2.7.6 字段替换

根据上一节的输出，我们可以将匹配分数大于 50 的 City 值替换成“d.i khan”。

```
>>> close_matches = [m[0] for m in matches if m[1] > 50]
>>> df.loc[df.City.isin(close_matches), 'City'] = 'd.i khan'
```

close_matches 的计算使用了 Python 列表推导的语法，运算的结果是所有分数大于 50 分的城市的名称，即

```
['d.i khan', 'd. i khan', 'd.g khan']
```

代码第二行中 df 的赋值操作使用了比较精妙的 loc 操作表达式。其中，df.City.isin (close_matches)可看作对行的选择，在这里选择出了那些包含“d.i khan”或“d. i khan”或“d.g khan”的行。“City”则是对列的选择。

通过 loc 操作表达式，我们精准地定位了需要修改的数据的位置。再通过赋值操作，将目标字符串替换进去。

修改完成后，我们可以验证修改好的结果（省略输出）。

```
>>> sorted(df.City.unique())
```

仔细观察输出，确认“d.i khan”“d. i khan”和“d.g khan”这三个城市的名称得到了统一的处理。

第 3 章

数据可视化

数据可视化是数据分析的重要组成部分，本章介绍用于可视化数据的 Python 库：Matplotlib。

本章内容包括：

- Matplotlib 基本概念
- 作图基础
- MACD 指标分析
- 沪深 300 收益计算
- 日历策略

3.1 Matplotlib 基本概念

Matplotlib 是 Python 作图的行业标准，不少其他作图的库也是以 Matplotlib 为基础的。

3.1.1 导入与设置

通常情况下，我们用下面的方式导入 Matplotlib。

```
import matplotlib.pyplot as plt
```

从 Python 的语义上说，这意味着接下来只需用到 pyplot 这一个对象。这其实是 Matplotlib 的开发者精心设计的结果，使用者可以把与作图相关的函数都看作 pyplot 对象的成员函数。

在中文环境下作图，一般还会加上下面的配置语句。

```
plt.rcParams['font.sans-serif'] = ['Microsoft YaHei']
```

Matplotlib 在展示文本时，默认的字体文件不支持中文。设置 rcParams 属性可有效解决其在作图时不显示使用的中文的问题。

3.1.2 剖析图形

了解 Matplotlib 可以从其官方网站上的“解剖图”开始。图 3-1 所示为 Matplotlib 图形解剖。

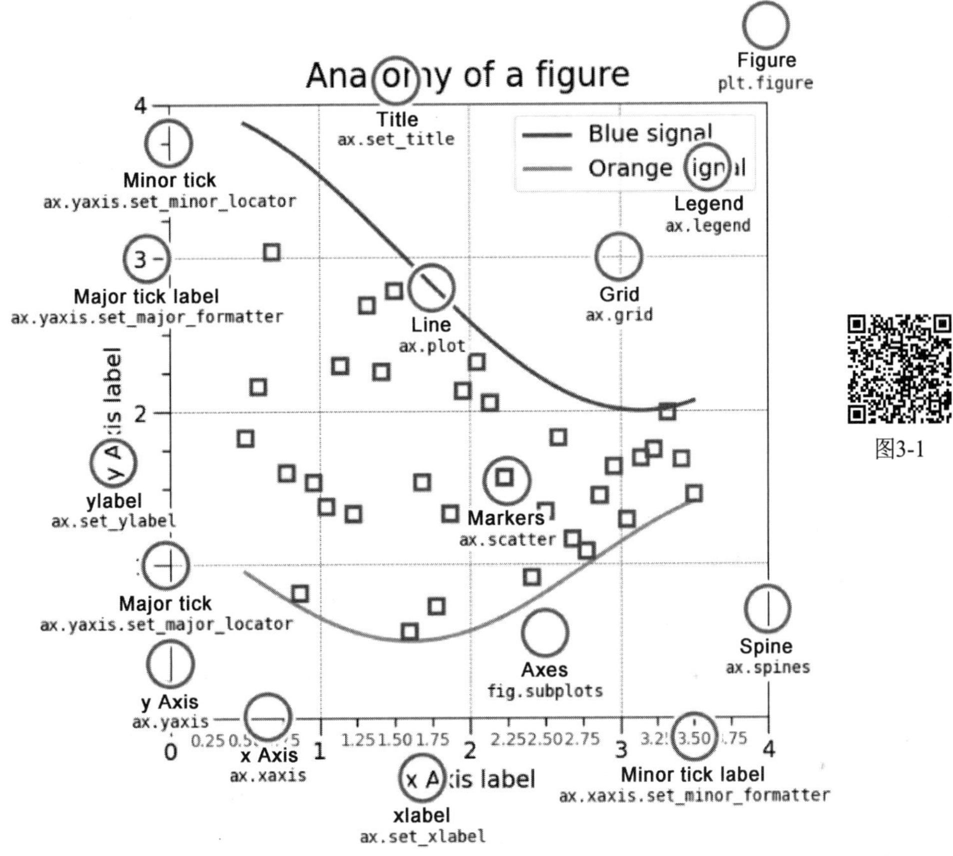

图 3-1 Matplotlib 图形解剖

图 3-1 中包含了 Matplotlib 图形的主要元素，相关术语都是用英文标注的。事实上，我们完全没必要去翻译这里的英文术语，因为这些英文名称往往会对应在编程时的类名。接下来，我们逐个了解各个术语的含义。

1）Figure

Figure 指 Matplotlib 生成的图形，它由多个 Axes 组成。

2）Axes

Matplotlib 支持在单个 Figure 中包含多个子图，即 Axes①。每个子图包含坐标轴（Axis）、

① 不用实际追究单词“axes”在英语中的原始含义，在这里我们只要将其理解成子图即可。

刻度（Tick）、标签（Label）等。

图 3-2 所示为带有两个 Axes 的 Matplotlib 图形。

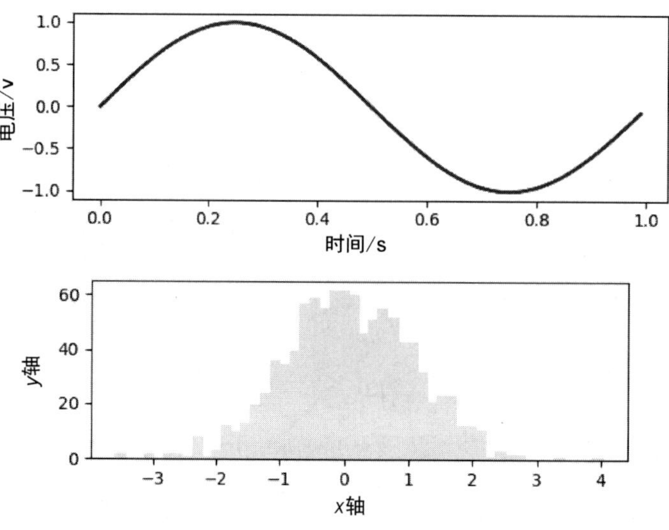

图 3-2　带有两个 Axes 的 Matplotlib 图形

Matplotlib 允许在同一个 Figure 中创建任意多个 Axes。真正的作图其实是在 Axes 中发生的，Figure 只是一个用来放 Axes 的容器。

明白了 Figure 与 Axes 之间的关系后，我们就可以理解在 Matplotlib 中作图时，Figure 与 Axes 往往是同步创建好的。下面是常见的生成 Figure 与 Axes 的代码。

```
fig = plt.figure()                          #不带 Axes 的空的 Figure
fig, ax = plt.subplot()                     #带有一个 Axes 的 Figure
fig, axes = plt.subplot(2, 2)               #带有 4 个 Axes 的 Figure
```

3）Axis

虽然 Axis 与 Axes 只有一个字母之差，但它们的含义却是完全不同的。Axis 表示坐标轴，它有两个子类：xAxis 和 yAxis，分别表示平面直角坐标系中的 x 轴与 y 轴。

在 Matplotlib 中，Axis 用带刻度（Tick）和标签（Label）的直线表示。

4）Tick 与 Label

Tick 就是刻度，在图 3-1 中我们可以找到 Major tick 和 Minor tick，它们分别表示主刻度与次刻度。主刻度的线条画得长一些，次刻度的线条画得短一些，与我们在标尺上看到的效果是一样的。

Label 指标签。在图 3-1 中我们可以找到很多的标签：

- xlabel 表示 x 轴标签。
- ylabel 表示 y 轴标签。

- Major tick label 表示主刻度标签。
- Minor tick label 表示次刻度标签。

5）Legend

Legend 指图例。如果图形中有多条曲线，那么在图例中就能标记出用于表示不同曲线的线条样式。在图 3-1 的右上角可以找到图例。

6）Title

Title 表示图形的标题。图 3-1 所示的图形标题为“Anatomy of a figure”。标题默认显示在图形上方的正中央。

7）Grid 和 Spine

Grid 表示网格线，而 Spine 则表示图形的边界线。

8）Line 和 Markers

在用 Matplotlib 绘制数据时，可以选择用线条或点来表示数据。线条在解剖图中对应的就是 Line，而点则对应于 Markers。

3.1.3　两种风格

在使用 Matplotlib 时，有两种编程风格可选，一是 pyplot 风格，二是面向对象风格。

1）pyplot 风格

pyplot 风格指用 pyplot 对象来作图的编程风格。Matplotlib 自身包含了很多不同的对象，为了使用方便，所有与作图相关的功能均可通过 pyplot 对象来调用。例如，一个简单作图的代码如下。

```
>>> x = np.linspace(0, 2, 100)
>>> plt.plot(x, x, label='直线')
>>> plt.plot(x, x**2, label='二次曲线')
>>> plt.plot(x, x**3, label='三次曲线')
>>> plt.xlabel('x 坐标')
>>> plt.ylabel('y 坐标')
>>> plt.title('简单作图')
>>> plt.legend()
```

可以看到，代码中只用到 plt 的成员函数，不涉及其他对象。这段代码画出了 3 个不同次的幂函数在第一象限的图形，如图 3-3 所示。

2）面向对象风格

与 pyplot 风格对应的是暴露具体内部对象的面向对象风格。下面的代码同样画出了图 3-3 所示的图形，不过该代码是用面向对象风格来写的。

```
>>> x = np.linspace(0, 2, 100)
>>> fig, ax = plt.subplots()
>>> ax.plot(x, x, label='直线')
>>> ax.plot(x, x**2, label='二次曲线')
>>> ax.plot(x, x**3, label='三次曲线')
>>> ax.set_xlabel('x 坐标')
>>> ax.set_ylabel('y 坐标')
>>> ax.set_title('简单作图')
>>> ax.legend()
```

代码中的 ax 指向的是 Axes 对象，fig 指向 Figure 对象。坐标轴标签的设置方法使用了“set_xxx”的形式。

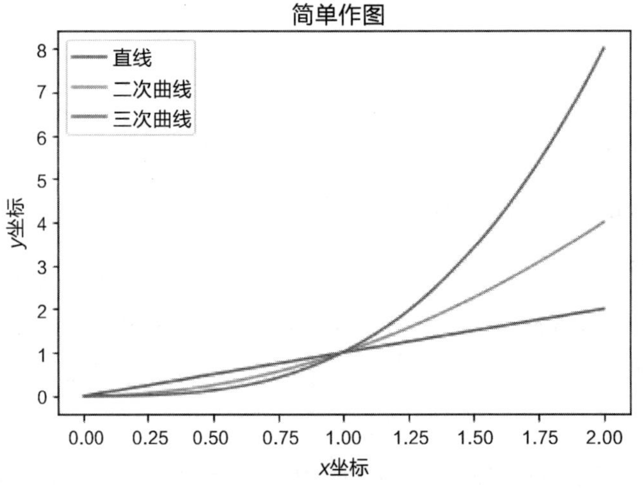

图3-3

图 3-3　3 个不同次的幂函数在第一象限的图形

3）选择风格

既然两种风格都可以用，那么在使用时应该选择哪种风格呢？对于这个问题，我们把握好以下几个要点就可以了。

- 两种风格都能用。
- 两种风格不要混合使用，坚持使用一种风格。
- 在交互式环境下（Jupyter Notebook）以 pyplot 风格为佳。
- 在大型 Python 项目中以面向对象风格为佳。

3.2 作图基础

在 Matplotlib 作图的两种风格中，pyplot 风格最为常见，对初学者非常友好。 pyplot 风格中用得最多的是 plot 函数，因此我们从 plot 函数开始学习。

3.2.1 绘制直线

plot 函数在调用时可以只用一个参数，也可以用两个参数，或者三个参数，甚至更多。我们先来看只用一个参数的情形，代码如下。

```
>>> x = np.array([1, 2, 3, 4])
>>> plt.plot(x)
>>> plt.show()
```

如果刚开始接触 Matplotlib 肯定会感到疑惑，一维的数组用 plot 函数作图后，可以得到图 3-4 所示的直线。

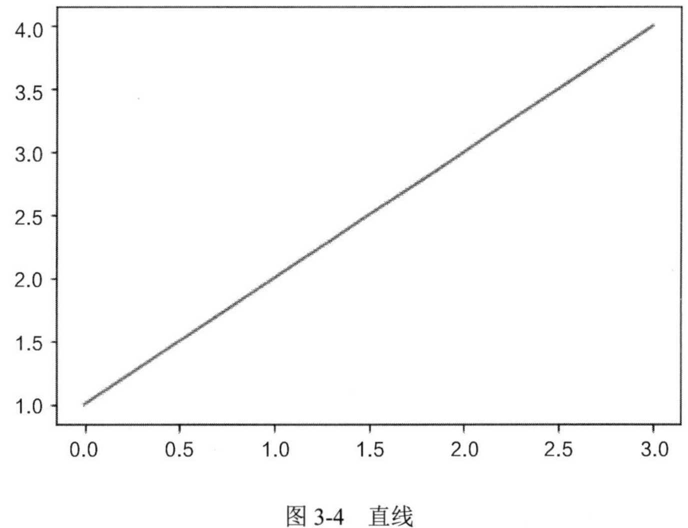

图 3-4　直线

在 Python 中经常会设定一些默认的行为，方便编程经验丰富的人进行操作。但对初学者来说，这会增加额外学习的负担。plot 函数在接收到不同的参数时会有不同的行为。当接收到的参数只有一个数组时，plot 函数会认为这是因变量 y 轴的数据，而自变量 x 会是默认的 range(len(y))。

因此，plt.plot(x)的真实调用是 plt.plot(range(4), x)，也就是把下面这些点用直线连接起来。

```
(0, 1), (1, 2), (2, 3), (3, 4)
```

3.2.2 绘制折线

在正常情况下，plot 函数需要在第一个参数的位置提供自变量 x 的数组，在第二个参数的位置提供因变量 y 的数组。

下面的代码用同样的 x 数组绘制了 4 个点之间的折线，如图 3-5 所示。

```
>>> plt.plot(x, x ** 2)
>>> plt.show()
```

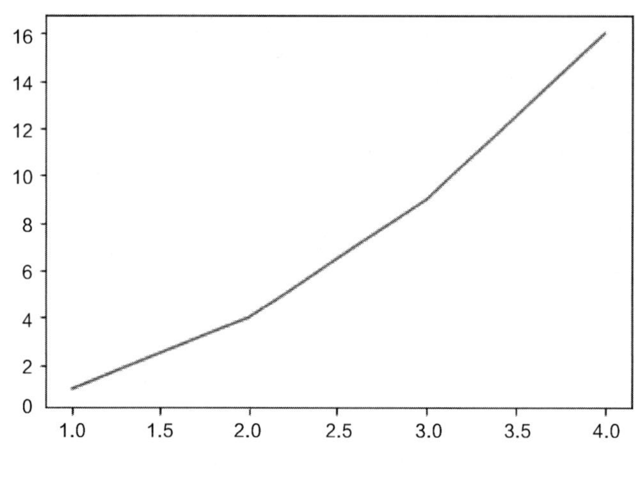

图 3-5　4 个点之间的折线

图 3-5 中对应的 4 个点是(1, 1), (2, 4), (3, 9), (4, 16)。

3.2.3 格式字符串

在调用 plot 函数时，如果有第三个参数，那么第三个参数会被认为是格式字符串（Format String）。

格式字符串由以下 3 部分组成：

- 坐标点的标记（Marker）。例如，“.”表示小圆点，“o”表示空心小圆。
- 线条类型（Line Style）。例如，“-”表示实线，“--”表示虚线。
- 颜色（Color）。例如，“b”表示蓝色，“y”表示黄色。

在 Matplotlib 的 plot 函数的 API 文档中可以找到各组成部分的详细说明。

我们来看一个画红色五边形的例子，代码如下。

```
>>> plt.plot(x, x ** 2, 'pr')
>>> plt.show()
```

plot 函数的格式字符串一般会按照[marker][line][color]的顺序来写。由于 3 个部分的格式字符并不冲突，因此，省略任意一个或两个部分不会影响效果。

代码中的“pr”要分开来理解，“p”表示五边形（pentagon），“r”表示颜色为红色（red）。最终画出来的图形是 4 个红色五边形，如图 3-6 所示。

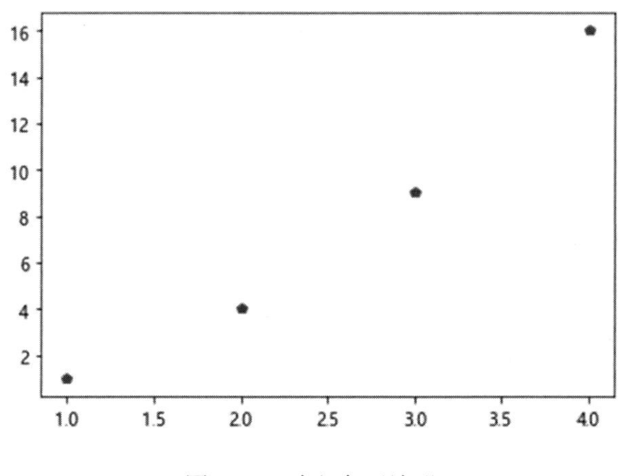

图3-6

图 3-6　4 个红色五边形

plot 函数还允许同时绘制多条曲线，例如：

```
>>> t = np.arange(0., 5., 0.2)
>>> plt.plot(t, t, '--r', t, t ** 2, 'sb', t, t ** 3, '^g')
>>> plt.show()
```

图 3-7 所示为 3 条不同样式的曲线。代码中格式字符串的含义可与图 3-7 直接对应。

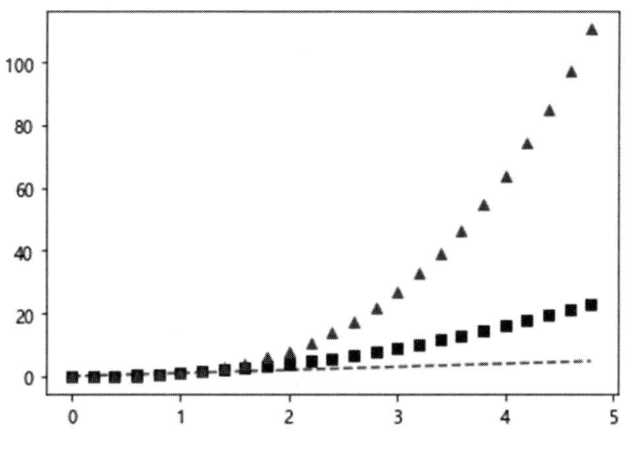

图3-7

图 3-7　3 条不同样式的曲线

3.2.4　绘制散点图

散点图指将数据以点的形式画出来的图形。plot 函数可以用来画散点图，但在大多数情况下，我们会用 scatter 函数来画散点图。之所以不选 plot 函数，只是因为用 scatter 函数更方便一些。

下面我们通过为 scatter 函数提供 data 参数来画散点图，如图 3-8 所示。图 3-8 中的数据整体上在某条直线附近，点的分布带有随机的误差。

```
>>> data = {
...     'x': np.arange(50),                        #x 坐标
...     'c': np.random.randint(0, 50, 50),   #随机的颜色
>>> }
>>> #x 值加上一个随机的误差，得到 y 值
>>> data['y'] = data['x'] + 10 * np.random.randn(50)
>>> #随机的圆点大小
>>> data['d'] = np.abs(np.random.randn(50)) * 100
>>> #参数均为 data 对象中的属性，需要用引号
>>> plt.scatter('x', 'y', c = 'c', s = 'd', data = data)
>>> plt.xlabel('x 轴')
>>> plt.ylabel('y 轴')
>>> plt.show()
```

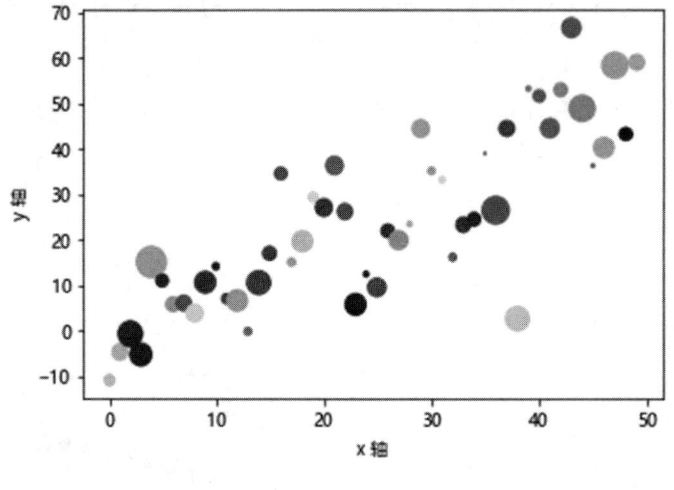

图3-8

图 3-8　散点图

3.2.5　绘制类别数据

类别数据（Category Data）指分类后的数据。例如：

```
>>> names = ['组 A', '组 B', '组 C']
>>> values = [1, 10, 100]
```

由以上代码可知，数据被分为 3 个组，每组有自己的值。

我们可以用 3 种不同的方式分别展示上述类别数据，如图 3-9 所示。

```
>>> #设置图形的宽和高，默认以英寸为单位
>>> plt.figure(figsize = (9, 3))
>>> #3 个子图中的第 1 个
>>> plt.subplot(131)
>>> #柱状图
>>> plt.bar(names, values)
>>> #3 个子图中的第 2 个
>>> plt.subplot(132)
>>> #散点图
>>> plt.scatter(names, values)
>>> #3 个子图中的第 3 个
>>> plt.subplot(133)
>>> #折线图
>>> plt.plot(names, values)
>>> plt.show()
```

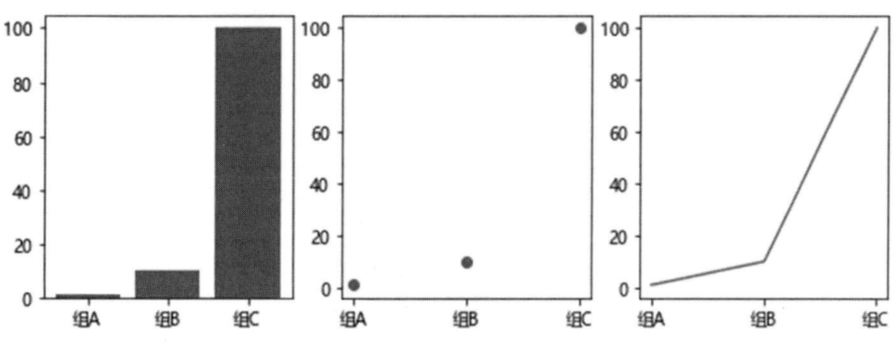

图 3-9　类别数据的展示

在作图时用到了 subplot 函数，subplot 函数是并列展示多个子图的好工具。

subplot(131)是一句比较难理解的暗语。131 不是指数 131，而是指子图共有 1 行，每行有 3 个子图，现在开始在第 1 个子图上作图。后面的 132 和 133 也有类似的含义。

3.2.6　绘制文本

下面的代码展示了在 IQ 直方图（见图 3-10）上标注文本的方法。

```
>>> #均值为 100，均方差为 15
>>> mu, sigma = 100, 15
```

```
>>> #生成满足正态分布的随机数
>>> x = mu + sigma * np.random.randn(10000)
>>> #画出直方图
>>> n, bins, patches = plt.hist(
...     x,                                              #输入的数据
...     50,                                             #每个直方的宽度
...     density=True,                                   #纵轴为概率
...     facecolor='g'                                   #直方颜色为绿色
... )
>>> #设置标签
>>> plt.xlabel('智商')
>>> plt.ylabel('概率')
>>> plt.title('IQ 直方图')
>>> #在图上标注文本，使用 latex 公式
>>> plt.text(60, .025, r'$\mu=100,\ \sigma=15$')
>>> plt.axis([40, 160, 0, 0.03])
>>> #显示网格
>>> plt.grid(True)
>>> plt.show()
```

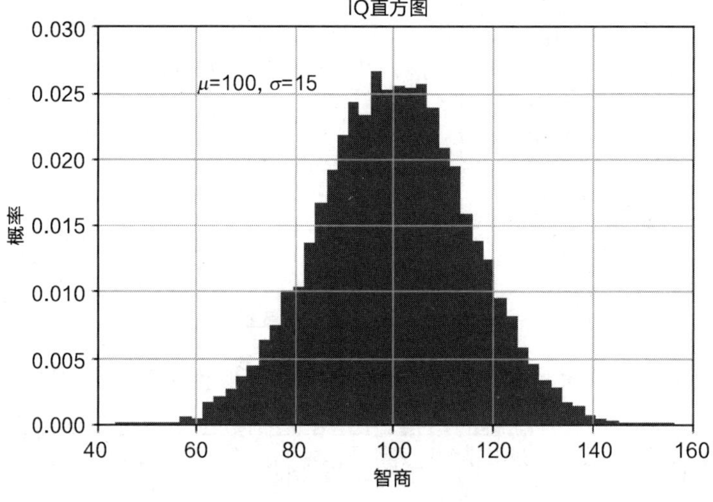

图3-10

图 3-10　IQ 直方图

3.2.7　绘制注解

我们还可以在图的任意位置加上注解（见图 3-11）。

```
>>> #画余弦曲线
>>> x = np.arange(0.0, 5.0, 0.01)
>>> y = np.cos(2*np.pi*x)
>>> plt.plot(x, y)
>>> #添加注解
>>> plt.annotate(
...     '局部最大值',                          #注解的文本内容
...     xy=(2, 1),                             #注解对应的点的坐标
...     xytext=(3, 1.5),                       #注解所在的位置
...     arrowprops=dict(                       #设置箭头属性
...         width=1,                           #线条宽度
...         headwidth=5,                       #箭头宽度
...         facecolor='black',                 #注解颜色
...         shrink=0.05                        #两头留点空白
...     ),
... )
>>> #设置y的范围，保证注解在图形内部
>>> plt.ylim(-2, 2)
>>> plt.show()
```

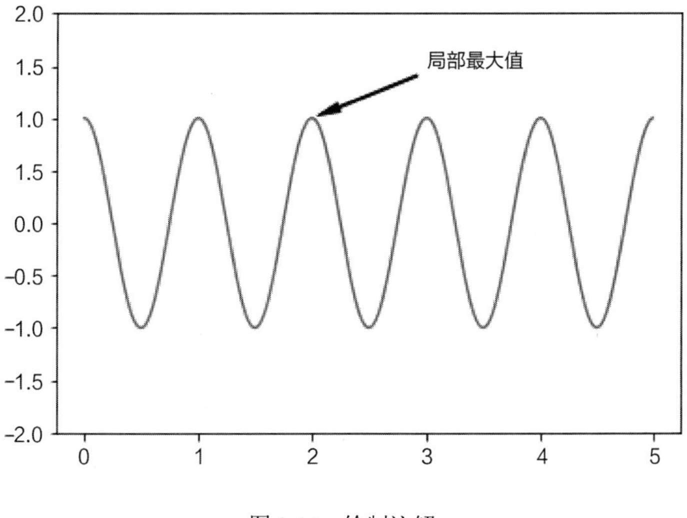

图3-11

图 3-11　绘制注解

3.3　MACD 指标分析

MACD（Moving Average Convergence and Divergence）是在投资交易中常见的技术指

标。计算 MACD 需要用到指数移动平均线，而 Pandas 中正好有对应的函数可直接算出 MACD。结合 Matplotlib，可以直观地展示出 MACD 所预示的买点和卖点。

3.3.1 加载贵州茅台股价数据

贵州茅台自上市以来其股价翻了三四百倍，是名副其实的中国股市第一股。下面就让我们来探索贵州茅台股价的变迁，并试着用 MACD 来分析买卖的时机。

在本书的代码仓库中可以找到贵州茅台的历史数据，用下面的代码来加载数据。

```
>>> maotai = pd.read_csv(
... './datasets/maotai.csv',                    #指定数据文件
... index_col=0,                                #索引列在第 0 列
... parse_dates=True)                           #解析日期数据
```

加载后的 Pandas 数据框中的数据格式如下：

- time（交易日）：2001-08-27。
- symbol（股票代码）：600519.SH。
- volume（成交量）：40631800。
- open（开盘价）：4.5550。
- high（最高价）：4.9866。
- low（最低价）：4.3359。
- last（收盘价）：4.6923。
- change（涨跌额）：0.5490。
- percent（涨跌幅）：13.25%。
- turnover_rate（换手率）：56.83%。

贵州茅台的数据集是从 2001 年开始的，数据量比较大，我们取从 2020 年 1 月 1 日开始的记录来分析，代码如下。

```
>>> maotai2 = pd.DataFrame(maotai.loc['2020-01-01':])
```

Pandas 的 loc 操作可对日期做切片操作，用起来非常方便，只要指定起始日期，结束日期会自动选择最后一日。

3.3.2 收盘价趋势图

根据新的数据可以画出收盘价趋势图，如图 3-12 所示。

```
>>> plt.figure(figsize = (14, 8))
```

```
>>> plt.plot(maotai2['last']) #last 表示收盘价
>>> plt.show()
```

调用 plot 函数只传入了一个参数，不过隐含的 x 坐标并不是 range(len(y))。maotai2['last'] 表达式的结果是 Series 对象，plot 函数足够智能，知道 Series 对象是自带索引的数组，所以在作图时会以索引为 *x* 轴，以收盘价为 *y* 轴。

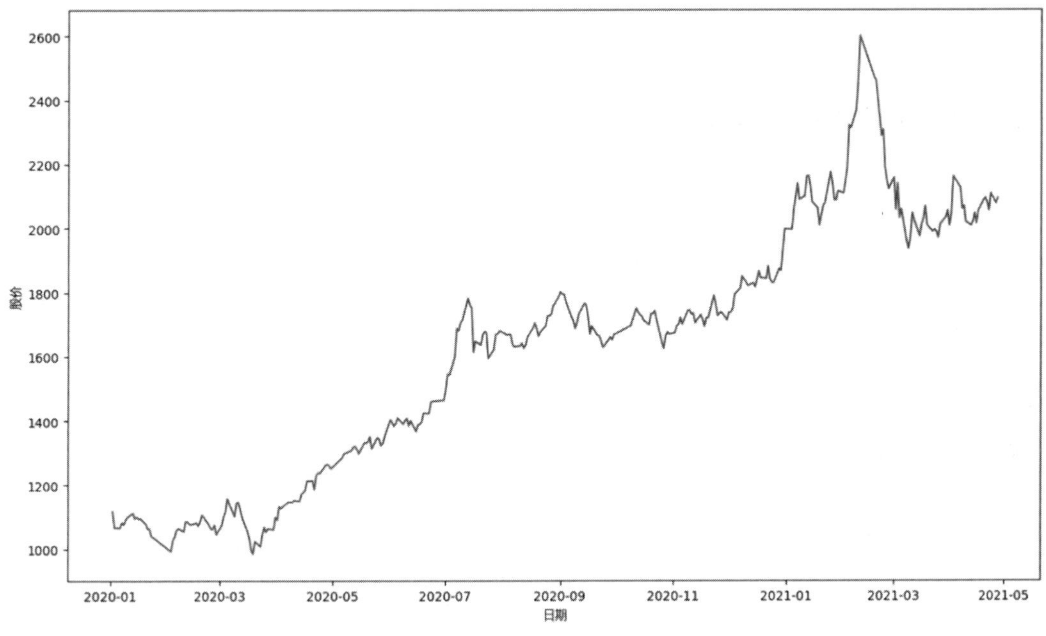

图 3-12　收盘价趋势图

从图 3-12 中可以看出，贵州茅台的股价自 2020 年以来，从 1100 元左右开始上涨，最高将近 2600 元，最后又降为 2000 元左右，变动剧烈。

3.3.3　计算 MACD 和 signal 序列

MACD 指标可以由两条曲线来描述，一条是 MACD 线，另一条是 signal 线。对这两条线的计算都需要先计算指数移动平均线。计算的步骤及代码如下。

- 计算收盘价的 12 日指数移动平均线。
- 计算收盘价的 26 日指数移动平均线。
- 12 日指数移动平均线减去 26 日指数移动平均线后得到 MACD 线。
- 计算 MACD 线的 9 日指数移动平均线，得到 signal 线。

```
>>> short = maotai2['last']
...         .ewm(span = 12, adjust = False)
...         .mean()
```

```
>>> long = maotai2['last']
...         .ewm(span = 26, adjust = False)
...         .mean()
>>> macd = short - long
>>> signal = macd
...         .ewm(span = 9, adjust = False)
...         .mean()
```

3.3.4 绘制 MACD 指标图

变量 macd 与 signal 均为 Series 对象，并且二者的索引均为交易日。图 3-13 所示为 MACD 指标图。用 plot 函数可以将两条曲线一起绘出。为做区分，两条曲线要使用不同的颜色。代码如下。

```
>>> plt.figure(figsize = (14, 6))
>>> plt.plot(macd, 'r-', label = 'MACD')
>>> plt.plot(signal, 'b-', label = 'signal')
>>> plt.legend(loc = 'upper left')
>>> plt.show()
```

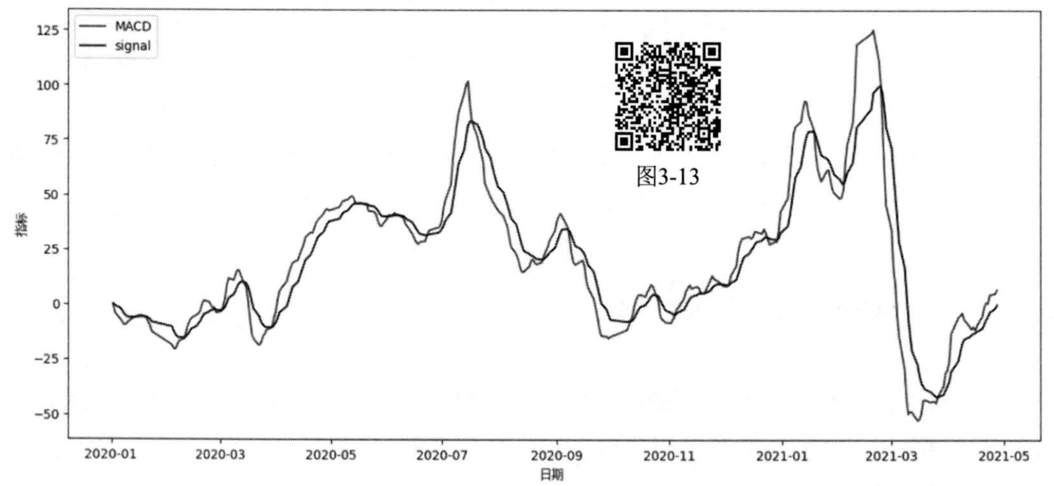

图 3-13　MACD 指标图

3.3.5 金叉与死叉

当 MACD 线从下向上穿过 signal 线时，此时是买入股票的好时机，这个位置称为金叉。当 MACD 线从上向下穿过 signal 线时，此时是卖出股票的好时机，这个位置称为死叉。

要计算金叉与死叉，看起来必须用循环遍历的方式来找到交叉的点。这或许是大多数写过程序的人的想法。不过，在 Pandas 的数据结构里有着更为精妙的解法。

首先计算 tf，代码如下。

```
>>> tf = macd > signal
```

macd 与 signal 均为 Series 对象，二者之间比较运算的结果是值为布尔型的 Series 对象。由此可以知道，tf 的索引是交易日，对应的值是 True 或 False。True 表示当天交易结束时的 macd 值大于 signal 值。False 则正好相反。

然后由 tf 计算出 post，代码如下。

```
>>> post = tf.shift(-1)
```

post 序列由 tf 序列左移一个位置得到。发生移动的是数值，索引本身并不移动。post 序列的值仍然是 True 或 False，但其含义发生了变化。True 表示当**下一交易日**结束时，macd 值大于 signal 值。False 的含义则相反。

tf 与 post 两个序列的索引是相同的，而对应的值正好相差一天。金叉的位置是 MACD 线从下向上穿过 signal 线的位置，也就是布尔值由 False 变为 True 的那一天。金叉的求法如下。

```
>>> gold = (tf != post) & post
```

赋值号右边的表达式为前后两个逻辑表达式相与的结果。(tf! = post)的结果若为 True，则表示布尔值到下一交易日后会发生改变。post 表示下一交易日结束后 macd 的值会大于 signal 的值。同时满足这两个表达式的交易日即金叉的位置。

还需要注意一点，计算金叉的表达式中并没有使用 Python 的逻辑与运算符“and”，而是用了位与运算符“&”。这是因为 Python 中的 True 其实是数值 1，而 False 为 0。两个序列之间真正进行的是位与运算。

同样地，可以写出死叉的表达式。完整的计算仅需以下 4 行代码。

```
>>> tf = macd > signal
>>> post = tf.shift(-1)
>>> gold = (tf != post) & post
>>> death = (tf != post) & tf
```

进行简单的求和，就可以算出数据集中金叉与死叉的总数，代码如下。

```
>>> sum(gold), sum(death)
(13, 13)
```

结果表示在数据集中共有 13 个金叉和 13 个死叉。13 个金叉点即 gold 数组中值为 True 的日期。13 个死叉点即 death 数组中值为 True 的日期。

有了这两个序列，就可以在收盘价趋势图上标识出金叉与死叉（见图 3-14），代码如下。

```
>>> plt.figure(figsize = (12, 8))
>>> plt.plot(maotai2['last'], 'b-')
>>> plt.plot(maotai2[gold]['last'], 'k^', label = 'Buy')
>>> plt.plot(maotai2[death]['last'], 'rv', label = 'Sell')
>>> plt.legend(loc = 'upper left')
>>> plt.show()
```

将布尔序列 gold 作为下标，表达式 maotai2[gold]相当于对原始数据框进行了过滤，只留下发生了金叉的交易日的数据。再对其取下标，表达式 maotai2[gold]['last']的结果就是当发生金叉时的收盘价。

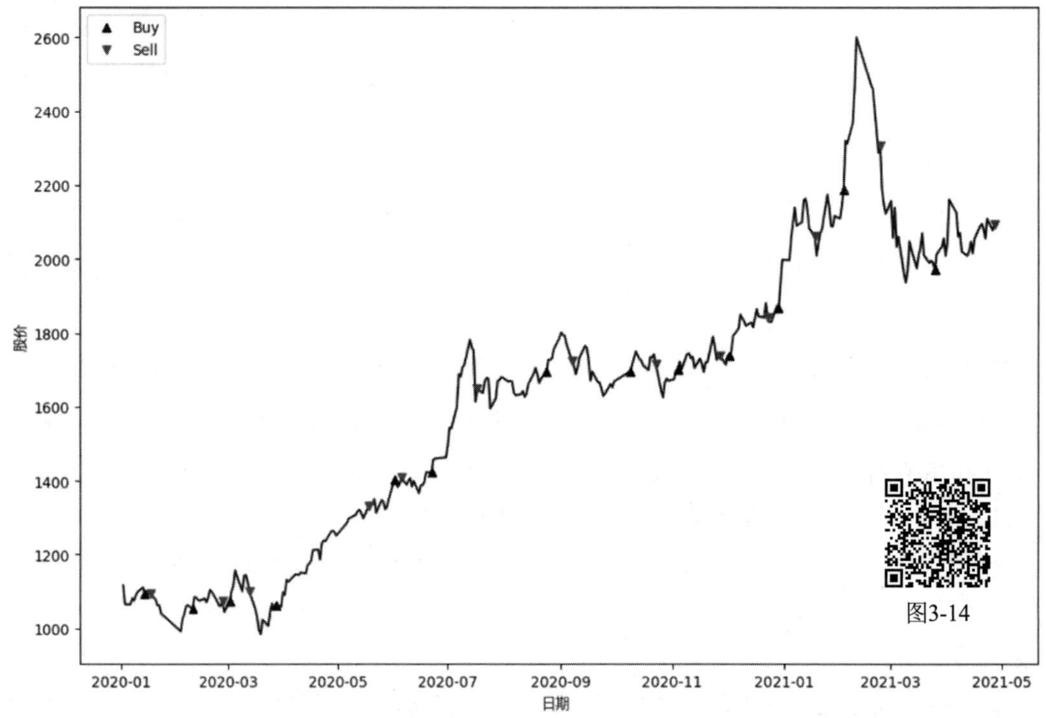

图 3-14 在收盘价趋势图上标识出金叉与死叉

在图 3-14 中，金叉的位置用“Buy”来标识，死叉的位置用“Sell”来标识。从图上的标记来看，金叉与死叉的位置有时很接近，有时相距又较远。至于能不能赚钱？能赚多少钱？并不明确。

3.3.6 计算收益

假定在 2020 年初投入 100 股贵州茅台股份的资金，完全遵守 MACD 指标的信号，一共能赚多少钱？

根据前面的计算可知，金叉与死叉的数量同为 13 个，正好相同。在计算收益时，只要先将 13 个死叉在发生时的收盘价与对应的金叉在发生时的收盘价相减，再求和即可。

计算过程如下。

```
>>> buy = maotai2.loc[gold]['last'].reset_index()
>>> sell = maotai2.loc[death]['last'].reset_index()
>>> sum(sell['last'] - buy['last']) * 100
117015.34999999999
```

注意在相减时 sell 序列和 buy 序列都需要调用 reset_index()，以使这两个数组逐个匹配。没有这一步操作，两序列相减的结果会大大出乎你的意料。

2020 年初购买 100 股贵州茅台需要十万元左右。按照 MACD 指标进行买卖收益达到了 11 万元。这实在是笔了不起的投资。

3.4 沪深 300 收益计算

沪深 300 指数以 2004 年 12 月 31 日的 300 只股票为基准，每天计算新市值与基准的比例。起始的基准指数为 1000 点，到 2022 年 11 月份，沪深 300 的基准指数为 3800 点左右，这也就意味着最新的 300 只股票的市值相当于起始点的 3.8 倍左右。

沪深 300 指数挑的 300 只股票不仅流动性强，而且规模大，基本上代表了沪、深两市的整体水平，是两市股票价格的重要参考指标。

有了 Pandas 与 Matplotlib 的帮助，我们就能轻松地从沪深 300 指数的历史数据中计算出相关收益指标。

3.4.1 加载历史数据

在本书的代码仓库中可以找到各个指数的历史数据，用下面的代码来加载数据。

```
>>> hist = pd.read_csv(
... './datasets/invest_data.csv',          #指定数据文件
... index_col=0,                           #索引列在第 0 列
... parse_dates=True)                      #解析日期数据
```

该数据集中包含了多个指数的信息，通过下面代码的过滤只留下沪深 300 指数的历史数据。

```
>>> df = hist.loc[:, ['hs300']]
>>> df.head()
```

```
            hs300
datetime
2004-12-31  1000.000
2005-01-04   982.794
2005-01-05   992.564
2005-01-06   983.174
2005-01-07   983.958
```

3.4.2 绘制趋势图

我们已经学过用 Matplotlib 的 plot 函数绘制股票收盘价，绘制沪深 300 指数的趋势图也可以用同样的方法。

不过，Pandas 为这种简单的趋势图提供了专门的函数，在使用时只要在 DataFrame 或 Series 对象上调用 plot 函数即可，非常方便，代码如下。

```
>>> df['hs300'].plot()
```

图 3-15 所示为沪深 300 趋势图。

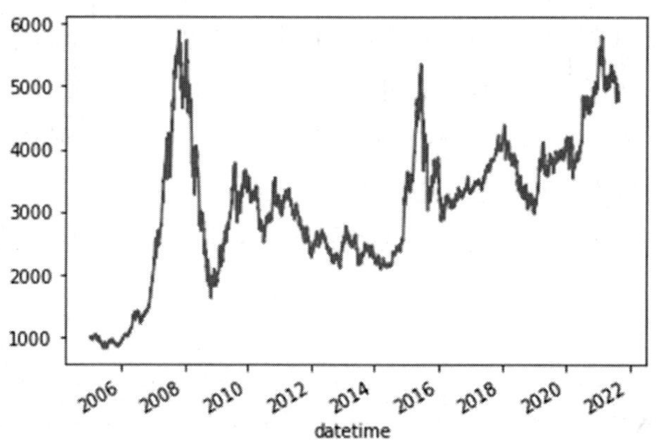

图 3-15　沪深 300 趋势图

3.4.3 计算收益率

人们投资股票最关心的是收益。一般用百分数来表示收益率。为计算沪深 300 从上市开始的累积收益率，可以从计算每日涨跌幅开始，代码如下。

```
>>> df['pct'] = df['hs300'].pct_change()
>>> df.head()
            hs300       pct
```

```
datetime
2004-12-31  1000.000       NaN
2005-01-04   982.794 -0.017206
2005-01-05   992.564  0.009941
2005-01-06   983.174 -0.009460
2005-01-07   983.958  0.000797
```

Pandas 的 pct_change 函数用来计算每日涨跌幅。为方便后续处理，涨跌幅的序列也放到 df 数据框中。

要计算累积收益率，可用 cumprod 函数。计算方法如下。

```
>>> df['ret'] = (1 + df['pct']).cumprod()
>>> df.head()
               hs300       pct       ret
datetime
2004-12-31  1000.000       NaN       NaN
2005-01-04   982.794 -0.017206  0.982794
2005-01-05   992.564  0.009941  0.992564
2005-01-06   983.174 -0.009460  0.983174
2005-01-07   983.958  0.000797  0.983958
```

累积收益率放到了“ret”列中，可据此直接绘制沪深 300 的累积收益率曲线（见图 3-16），代码如下。

```
>>> df['ret'].plot()
```

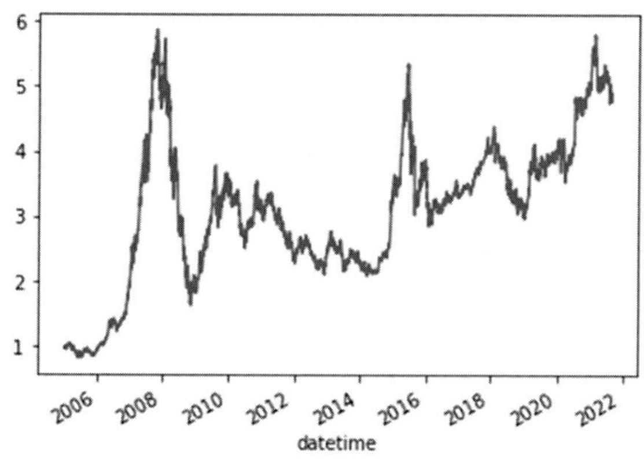

图 3-16　沪深 300 的累积收益率曲线

3.4.4　计算年化收益率

年化收益率表示一年的投资能够得到的收益率，它是比较多个不同理财产品的重要参考指标。

中国股市只在周一到周五交易，遇到节假日还会休市。总的算下来，一年大约有 242 个交易日。相差几天对年化收益率影响不大，我们以 242 天为准。年化收益率的计算公式如下。

$$年化收益率 = 平均每日收益率 \times 242$$

选取 2012 年 1 月 1 日至 2021 年 7 月 27 日的收益数据，计算这个时间段的年化收益率。计算步骤及代码如下。

- 计算每日涨跌幅。
- 计算每日涨跌幅的平均值。
- 将平均每日涨跌幅乘 242 天。

```
>>> latest = df.loc['2012-01-01':'2021-07-27','ret']
>>> pctret = latest.pct_change()
>>> annret = np.nanmean(pctret) * 242
>>> annret
0.10114897496666533
```

计算显示，在这 9 年多的时间里，沪深 300 的年化收益率达到了 10%，这可以说相当高了。

3.4.5 计算年化波动率

除了年化收益率，在投资时另一个重要参考指标是波动率。波动率反映的是收益随时间的波动情况。好的投资不仅收益要高，波动也要较少。

年化波动率的计算公式如下。

$$年化波动率 = 收益率标准差 \times \sqrt{242}$$

利用已经算出的收益率 pctret 计算年化波动率，代码如下。

```
>>> annvol = np.nanstd(pctret) * np.sqrt(242)
>>> annvol
0.22529617654786457
```

3.4.6 计算最大回撤率

账户净值由极低值一直向后推移到净值的某个极高值，在这期间净值减少的幅度就是资金回撤的幅度。

在选定的时间段内，有时会有多次净值回落的情形，其中，最大的一段回落情形称为最大回撤（maximum drawdown）。

通俗地讲，投资的资产在到了某个高点后就会开始减少，这个减少的过程就是资金回撤的过程。最大回撤指该回撤过程可能达到的最大的幅度。

例如，在某个牛市的行情中，资产达到了 10000 元，但后面行情不好一直跌，资产跌到只有 4000 元；随后有一波反弹，反弹到 5000 元后又开始跌，一直跌到只有 3000 元。在这个过程中共有两轮回撤，第一轮回撤了 6000 元，回撤率是 60%；第二轮回撤了 2000 元，回撤率是 40%。这段时间的最大回撤率是 60%。

计算最大回撤率的代码如下。

```
>>> prev_high = 0
>>> drawdowns = []
>>> for val in latest:
...     prev_high = max(prev_high, val)
...     drawdown = (val - prev_high) / prev_high
...     drawdowns.append(drawdown if drawdown < 0 else 0)
>>> np.nanmin(drawdowns)
-0.4669614381616327
```

prev_high 保存的是前一个极高值，每日的回撤率都会保存在 drawdowns 列表中。由于计算的回撤率是负值，因此在计算最大回撤率时需要取最小值。

计算结果显示，从 2012 年开始的 9 年多时间里，沪深 300 指数的最大回撤率为 46.7%。

3.4.7 计算卡玛比率

理财产品的年化收益率越高，说明它赚钱的能力越强。最大回撤率越高，说明它的投资风险越大。在收益率与回撤率之间很难两全，卡玛比率就是兼顾二者的指标，其计算公式如下。

卡玛比率=年化收益率/最大回撤率

卡玛比率越高，说明在承受单位损失时所获得的回报越高。计算卡玛比率的代码如下。

```
>>> calmar = annret / (-np.nanmin(drawdowns))
>>> calmar
0.2166109804802638
```

计算结果显示沪深 300 指数的卡玛比率并不高，估计是因为最大回撤率比较大。

3.5 日历策略

在 3.4 节中，收益的计算隐含了一个前提，即投资人必须一直持有沪深 300 指数。但在现实中，人们会选择在某个时刻卖出持有的股票或基金。

日历策略指在特定日期交易的投资策略。例如，在每个月的前 5 个交易日持有沪深 300 指数，其他交易日保持空仓。

这么简单的做法，要说有什么特殊的收益，很难令人信服。不过，我们先不着急下结论，通过数据来得出结果。

3.5.1 指标计算函数

由于要比较多种不同策略的收益指标，因此本书在代码仓库中提供了 calc_indicator 函数。在调用该函数时会直接打印出年化收益率（annret）、年化波动率（annvol）、最大回撤率（maxdd）和卡玛比率（calmar）。

数据加载过程与 3.4 节相同，加载后的数据框名为 invest。计算沪深 300 指数的各个指标的代码如下。

```
>>> hs300 = (1 + invest['hs300'].pct_change()).cumprod()
>>> calc_indicator(hs300)
annret=0.13,annvol=0.263,maxdd=-0.723,calmar=0.18
```

3.5.2 只在每月前 5 日交易的策略

在每个月的前 5 个交易日满仓沪深 300 指数，其他交易日保持空仓。一个月份的交易日在 25 天左右，只在前 5 个交易日交易，也就意味着在 20 个左右的交易日里资金处于空闲状态。

按理来说，只在前 5 个交易日交易的策略，其收益肯定比不上整个月都交易的策略的收益。不过，我们最好还是通过计算来得出结论。

3.5.3 准备数据

数据框 invest 包含了多个指标的数据，只取出与沪深 300 指数相关数据的代码如下。

```
>>> hs300 = pd.DataFrame(invest['hs300'])
```

要找出每月的前 5 个交易日，需要操作日期字段。日期作为索引需要被保留，因此，要将索引复制成新的列。

```
>>> hs300['theday'] = hs300.index
```

在计算收益时还需要用到涨跌率和收益率，将其一并加到 hs300 中，代码如下。

```
>>> hs300['pct'] = hs300['hs300'].pct_change()
>>> hs300['cum'] = (1 + hs300['pct']).cumprod()
```

现在准备好的数据框的格式如下。

```
                hs300     theday        pct       cum
datetime
2004-12-31  1000.0000 2004-12-31        NaN       NaN
2005-01-04   982.7940 2005-01-04 -0.017206  0.982794
...               ...        ...       ...       ...
```

3.5.4 标记出每月前 5 日

像 hs300 这样的以日期为索引的数据也称为时间序列数据。对其进行分组统计的方法与对普通数据进行分组统计的方法不同，Pandas 提供了 resample 函数来处理时间序列数据。

数据需要按月进行分组，代码如下。

```
hs300['theday'].resample('MS')
```

“MS”的含义是“MonthBegin”，指将时间序列数据分组后的组名是每月开始的日期。例如，2005 年 1 月份的交易日有“01-04”“01-05”“01-06”等。这些日期被 resample('MS') 调用后，都会被归结为“2005-01-01”。

resample 函数的结果是 DataFrame 对象。利用 apply 函数可以构造出由每月前 5 个交易日所组成的新 DataFrame 对象，代码如下。

```
>>> five_days = hs300['theday']
...             .resample('MS')
...             .apply(lambda x: list(x[:5]))
```

x[:5]表示只取前 5 个元素。list 转换是必须的，为了避免异常情况的出现。例如，数据中在 2004 年 12 月份只有一个交易日，five_days 的数据格式如下。

```
datetime
2004-12-01                          [2004-12-31]
2005-01-01      [2005-01-04, 2005-01-05, ...]
2005-02-01      [2005-02-01, 2005-02-02, ...]
                         ...
Freq: MS, Name: theday, Length: 201, dtype: object
```

从 five_days 中可以知道每月的前 5 个交易日都是哪些日期，下面的代码把判断某日期是否为该月前 5 个交易日的逻辑写成了单独的函数。

```
>>> def is_in_first_five(thedate):
...     month_start = f'{thedate.year}-{thedate.month}-01'
...     return thedate in five_days[month_start]
```

month_start 的值是当前日期（thedate）所在月份的第一天，与 resample 函数调用中的“MS”指示的分组依据是一致的。在赋值时使用 Python 的 f-string 语法取出当前日期的年份与月份，拼接出当月第一天的日期。

有了判断某日期是否为该月前 5 个交易日的函数，就可以将每月前 5 个交易日标记出来，代码如下。

```
>>> hs300['five'] = hs300['theday'].map(is_in_first_five)
```

添加了新的字段后，数据行的格式如下。

```
              hs300     theday        pct        cum   five
datetime
2005-01-10   993.879 2005-01-10  0.010083  0.993879   True
2005-01-11   997.135 2005-01-11  0.003276  0.997135  False
```

3.5.5 计算收益率

Python 中的 True 和 False 可当作整数参与运算，当计算每月只在前 5 个交易日交易的收益率时，只要将标记列乘上原来的收益率即可。

```
(1 + hs300['pct'] * hs300['five']).cumprod()
```

3.5.6 绘制两条收益曲线

现在来比较两种策略的收益曲线，代码如下。

```
>>> plt.figure(figsize=(14, 8))
>>> plt.plot(hs300['stg_ret'], 'g-', label='calendar strategy')
>>> plt.plot(hs300['cum'], 'r-', label='cumulative profit')
>>> plt.legend(loc='upper left')
>>> plt.show()
```

stg_ret 字段里就是选出的每月前 5 个交易日交易的收益情况。用“calendar strategy”标记的是日历策略的收益；用“cumulative profit”标记的是所有交易日累积的收益。两种策略的收益曲线如图 3-17 所示。

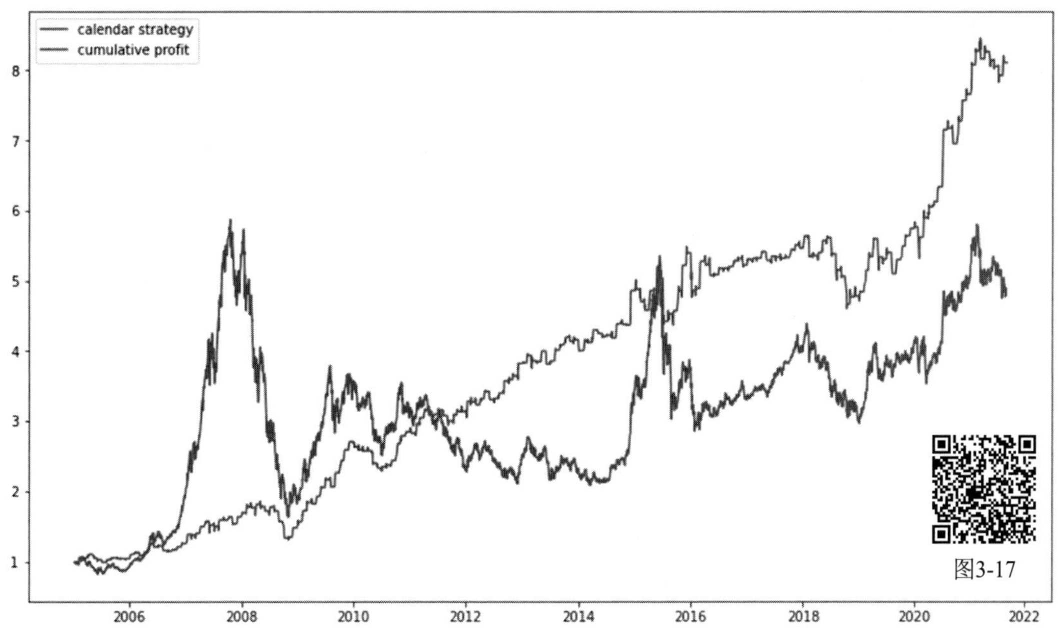

图 3-17　两种策略的收益曲线

图 3-17 中的两条曲线的结果是非常令人吃惊的。选出每月前 5 个交易日交易的日历策略与整月全天交易的策略相比，不仅长期的收益更高，波动情况也更平稳。

3.5.7　比较收益指标

曲线的比较可能过于直观，我们还可以比较各个收益指标的差异。

计算日历策略和沪深 300 指数的收益指标的代码分别如下。

```
>>> calc_indicator(hs300['stg_ret'])
annret=0.135,annvol=0.13,maxdd=-0.297,calmar=0.453
```

```
>>> calc_indicator(hs300['hs300'])
annret=0.129,annvol=0.263,maxdd=-0.723,calmar=0.178
```

从年化收益率来看，日历策略的收益率是 13.5%，而沪深 300 指数的收益率是 12.9%。二者最大的差别在最大回撤率上，沪深 300 的最大回撤率达到 72.3%，最大回撤率越高，表示风险越大。

3.5.8　每月后 5 日的策略

每月只选前 5 日交易的交易策略表现优异，因此我们不禁要问，若换成每月后 5 日交易，是否也会有相同的效果呢？

这个问题的分析就留给读者来完成，不过，我们可以先绘出 3 种策略的收益曲线图（见图 3-18），代码如下。

```
>>> plt.figure(figsize=(14, 8))
>>> plt.plot(
...     hs300['cum'], 'r-',
...     label='cumulative profit'
... )
>>> plt.plot(
...     hs300['stg_ret'], 'g-',
...     label='first five strategy'
... )
>>> plt.plot(
...     hs300['last_five_ret'], 'm-',
...     label='last five strategy'
... )
>>> plt.legend(loc='upper left')
>>> plt.show()
```

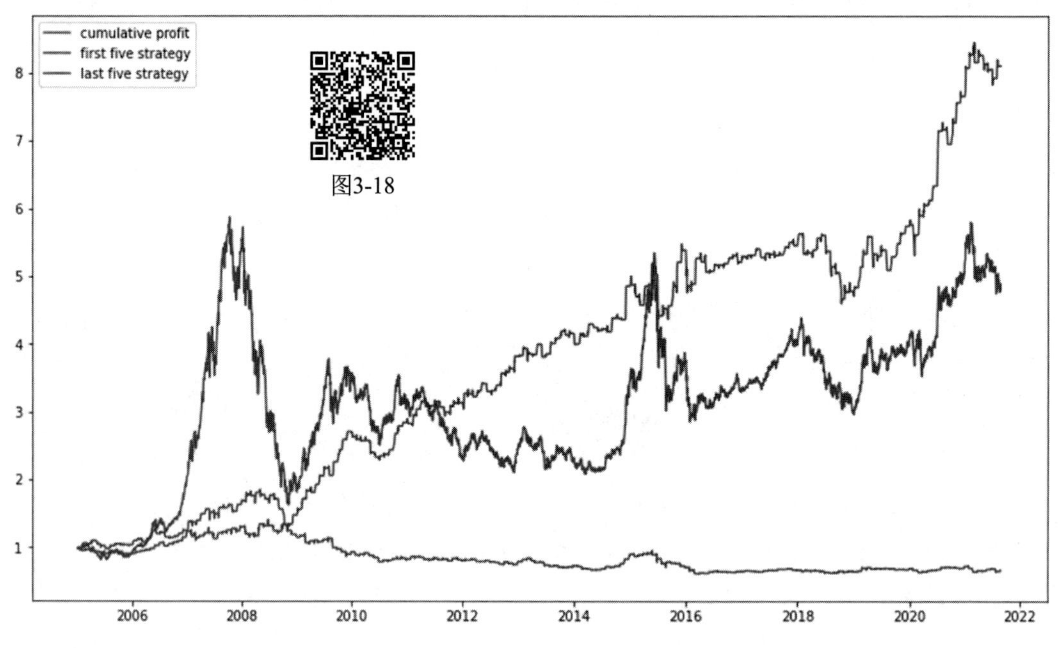

图 3-18　3 种策略的收益曲线图

从图 3-18 可以看出，标记为 last five strategy 的策略的收益明显不如另外两种策略的收益。可见，不是随便挑出几个日期来交易，就能取得比整月全天交易还要好的收益。

第 4 章

线性模型

本章介绍机器学习的一般过程与常见的线性模型。

本章内容包括：

- 机器学习
- 线性回归
- 岭回归
- LASSO 回归
- 逻辑回归

4.1 机器学习

机器学习中的“机器”一词指的是计算机。所谓机器学习，就是让计算机从数据中学习。初涉机器学习领域，要先明白机器学习与传统软件的不同之处。

4.1.1 传统软件与机器学习

传统软件是基于规则的系统，开发传统软件的过程如图 4-1 所示。

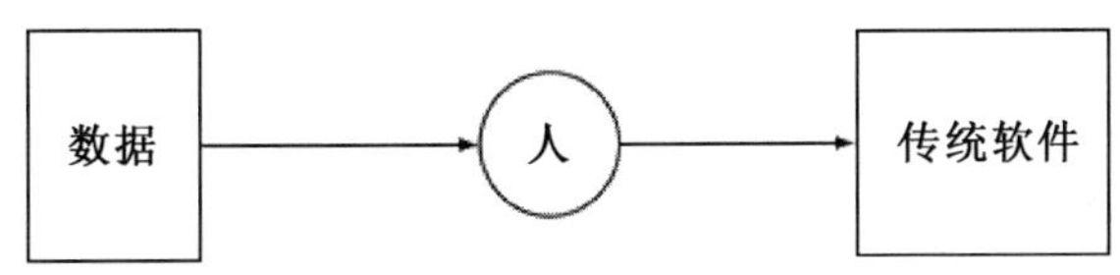

图 4-1 开发传统软件的过程

通过分析数据，人会抽取出一些规则，再将这些规则写成程序，最后的结果就是传统软件。开发完传统软件后，若碰到新的问题，则可以由软件来找到新问题中的模式，看哪些规则适用，从而做出判断。

在传统软件的开发过程中，人（也就是程序员）做了全部的工作。 软件的好坏取决于程序员分析数据和抽取规则的能力。

机器学习的开发过程如图 4-2 所示。

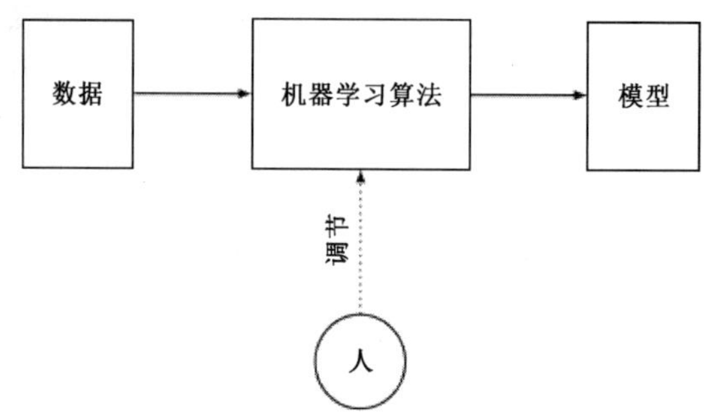

图 4-2　机器学习的开发过程

在机器学习的开发过程中，分析数据和抽取规则的任务主要由机器学习算法来完成。而这些机器学习算法大多是人类多年理论与技术的结晶。人的工作量被大大降低，人负责调整算法即可。

当然，这样做也会带来意想不到的结果：机器学习的过程并不一定能够被人理解。人类使用机器学习本是为了帮助人类自己，但为帮助自己做的事情，人却可能无法理解。

4.1.2　特征与标签

下面的数据来自著名的鸢尾花（iris）数据集。

萼片长度	萼片宽度	花瓣长度	花瓣宽度	类别
5.1	3.5	1.4	0.2	0
4.9	3.0	1.4	0.2	0
4.7	3.2	1.3	0.2	0
4.6	3.1	1.5	0.2	0

鸢尾花共分为 3 种，在数据集中分别用不同的数字表示：

- Setosa——0。
- Versicolour——1。
- Virginica——2。

在机器学习的术语中，数据集中的一行称为一个样本（sample）；“萼片长度”“萼片宽度”“花瓣长度”“花瓣宽度”这 4 个属性称为特征（feature）；表示结果的列“类别”称为标签（label）。

机器学习的目的就是从数据集中学得模型，然后对目标类别做出预测。

4.1.3　机器学习算法的分类

按照在训练模型时的数据集中有没有标签，可将机器学习算法分为监督学习（supervised

learning）和无监督学习（unsupervised learning）。

若在训练数据集中有的数据有标签，有的数据没有标签，则称为半监督学习（semi-supervised learning）。

大多数数据集都是带有标签的，根据标签的数值特点，监督学习可分为回归问题和分类问题。

回归问题的标签是连续数值，如预测房价、股价等。分类问题的标签是离散数值，如手写数字识别、鉴别真伪等。

4.1.4 CRISP-DM

创建机器学习系统涉及多个步骤，例如，鉴别机器学习可以解决的问题、利用模型为用户提供预测等。尤其重要的是，这些步骤可能是重复的。当我们将模型应用到新的数据时，可能会产生预想不到的情形，这时就需要有重复训练模型的过程。

CRISP-DM 的全称是 Cross-Industry Standard Process for Data Mining，中文意思是“跨行业数据挖掘标准流程”。CRISP-DM 发布于 1999 年，是当前数据科学的主流过程模型，具体包括以下 6 个阶段。

- 理解业务（Business Understanding）。
- 理解数据（Data Understanding）。
- 准备数据（Data Preparation）。
- 建模（Modeling）。
- 评估（Evaluation）。
- 部署（Deployment）。

每个阶段都要完成特定的任务。

- 在理解业务阶段，需要清楚问题是什么，如何解决该问题，是否使用机器学习算法等。
- 在理解数据阶段，需要分析数据集，决定是否需要收集更多的数据。
- 在准备数据阶段，需要将数据转换成扁平的表式结构，以方便机器学习算法来处理。
- 在建模阶段，需要用准备好的数据来训练模型。
- 在评估阶段，需要评估模型解决问题的能力。
- 在部署阶段，需要将模型发布到生产的环境里，使其为具体的业务提供服务。

以上 6 个阶段不是按流水线的形式进行的，而是按照一定的流程进行的。图 4-3 所示为 CRISP-DM 模型图。

在 CRISP-DM 模型图中可以看出，流程是一个不断地迭代与重复的过程。如果在评估时模型的预测效果不理想，那么就需要重新开始一轮流程。部署阶段完成后，如果效果还是不理想，那么也要重新开始一轮流程。事实上，这样的迭代过程可以一直进行下去。

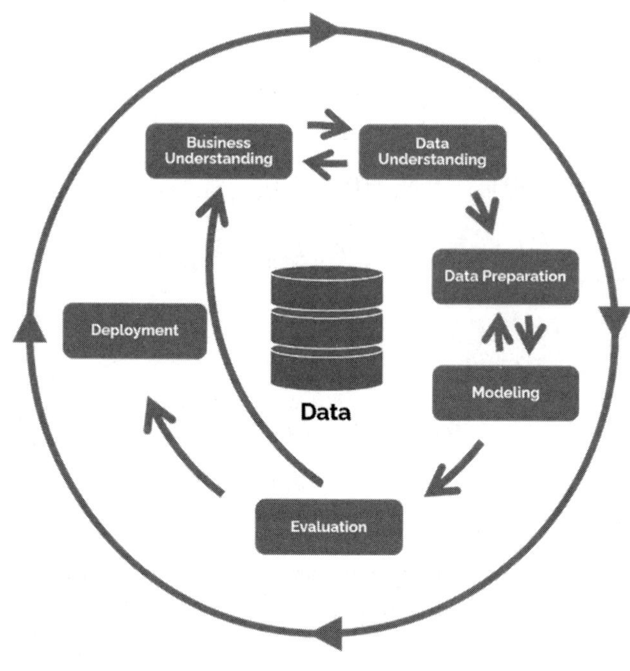

图 4-3　CRISP-DM 模型图

4.2　线性回归

线性回归是基本的机器学习模型，它假定数据之间有线性的关系。例如，图 4-4 所示的线性的数据。

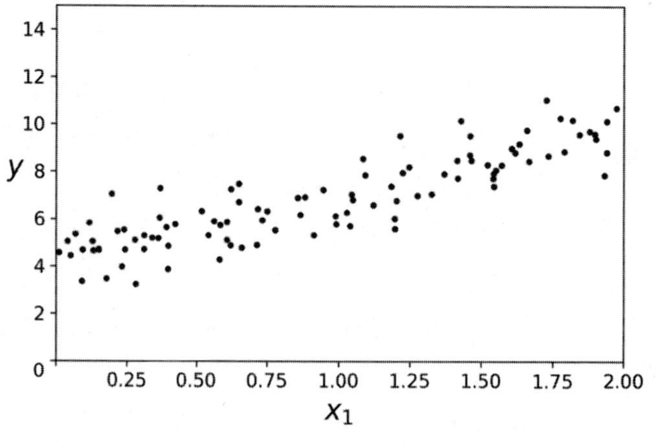

图 4-4　线性的数据

在图 4-4 中，点的分布比较乱，但整体而言，它们都可以看作在某条直线的附近，如图 4-5 所示。

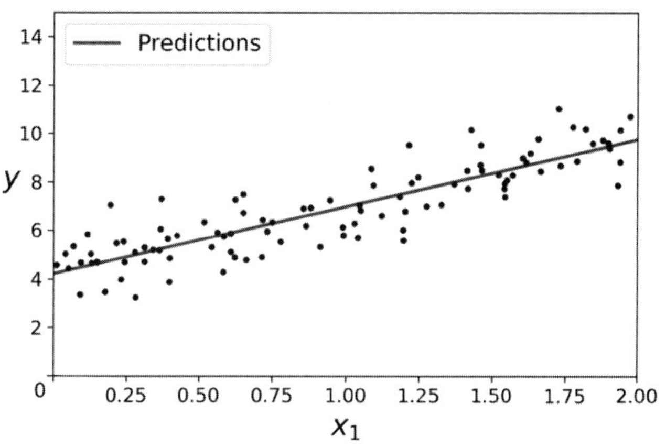

图 4-5　带预测直线的数据

线性回归的任务就是找出最合适的直线，使数据与直线之间的误差最小。

4.2.1　模型公式

图 4-5 所示的图形是一维的模型，可用如下公式来表示。

$$y = ax + b$$

但现实中的数据往往会有多个维度，这时就无法用直线来表示了。线性的含义指变量的次数不能超过一次，所以在多个维度下，上述公式可以写成如下形式。

$$y = w_0 + w_1x_1 + w_2x_2 + \cdots + w_nx_n = w_0 + \sum_{i=0}^{n} w_ix_i$$

式中，w_i 为权重，x_i 为特征，特征是机器学习的术语，在数学中的名称为自变量。

接下来要做的就是根据已知的 x_i，求出权重 w_i。确定权重后，在面对新的特征时，就可将其代入公式并做出预测。

4.2.2　scikit-learn

通常，我们不需要自己实现线性回归，只需要选择一个好用的机器学习框架，直接使用该框架实现线性回归。

在 Python 世界里，好用的机器学习框架为 scikit-learn，一般也称为 sklearn。可用下面的命令对其进行安装。

```
>>> pip install sklearn
```

下面我们通过波士顿房价预测任务来学习 sklearn 中线性回归的用法。

波士顿房价是一个很常用的数据集，在 sklearn 中可直接导入该数据集，无须额外下载，代码如下。

```
>>> from sklearn import datasets
>>> boston, target = datasets.load_boston(return_X_y = True)
```

将参数 return_X_y 设置为 True，表示返回的结果会自动把特征列与目标列分开。特征集的维度如下。

```
>>> boston.shape
(506, 13)
```

4.2.3 线性回归的用法

在 sklearn 中，线性回归由 LinearRegression 类实现。在创建线性回归时，需要先导入该类，然后构造模型对象。

```
>>> from sklearn.linear_model import LinearRegression
>>> lr = LinearRegression()
```

有了模型后，就可以让模型来适配（fit）数据。

```
>>> lr.fit(boston, target)
```

适配好的模型就有了预测能力。做出预测的方法为 predict，predict 的用法如下。

```
>>> predictions = lr.predict(boston)
```

4.2.4 线性回归的参数

有了 sklearn 这样的框架，模型对象就像一个黑盒子，只要把数据放进去，就可以得到预测的结果。很多时候，这样看待模型对象虽然没有大问题，但对于线性回归，公式对应的模型参数是可以查到的，即

```
>>> lr.coef_
array([-1.08011358e-01,  4.64204584e-02,  2.05586264e-02,
        2.68673382e+00, -1.77666112e+01,  3.80986521e+00,
        6.92224640e-04, -1.47556685e+00,  3.06049479e-01,
       -1.23345939e-02, -9.52747232e-01,  9.31168327e-03,
       -5.24758378e-01])
```

可以注意到，成员属性 coef_是以下画线为结束符号的，虽然看起来比较古怪，但这是 sklearn 特意约定的。凡是以下画线为结束符号的成员属性，其值只能在适配后才能被获得。

lr.coef_的输出有 13 个元素，与数据集的维度(506, 13)正好相符。换句话说，就是有 13 个特征对应模型公式里的 $w_1, w_2, \cdots, w_{13}$。

至于 w_0，会有单独的成员属性来与其对应，即

```
>>> lr.intercept_
36.459488385090125
```

4.2.5　残差

残差（redisuals）是真实值（target）与预测值（predictions）的差，可用柱状图来展示，如图 4-6 所示。计算残差的代码如下。

```
>>> pd.Series(target - predictions).hist(bins = 50)
```

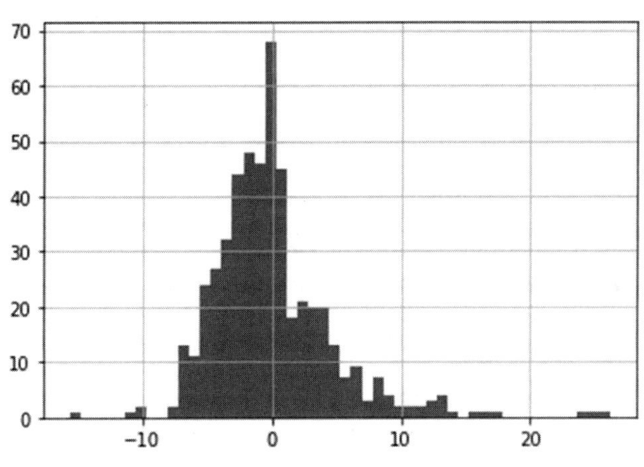

图 4-6　残差柱状图

4.2.6　均方误差与平均绝对误差

均方误差（Mean Squared Error, MSE）的公式如下所示。

$$\text{MSE} = \frac{1}{m}\sum_{i=1}^{m}\left(y_i - \hat{y}_i\right)^2$$

式中，y_i 表示真实值，$\hat{y}_i$ 表示预测值。MSE 衡量的是真实值与预测值之间的整体距离。MSE 的值越小，意味着模型的预测效果越好。事实上，MSE 为线性回归的成本函数（Cost Function），线性回归的适配过程就是寻找可以让成本函数值最小化的系数。sklearn 中可用

mean_squared_error 函数直接算出 MSE，代码如下。

```
>>> from sklearn.metrics import mean_squared_error
>>> mean_squared_error(target, predictions)
21.894831181729202
```

另一个常用的用于衡量误差的指标是平均绝对误差（Mean Absolute Error, MAE），其计算公式如下所示。

$$\text{MAE} = \frac{1}{m}\sum_{i=1}^{m}\left|(y_i - \hat{y}_i)\right|$$

相比于 MSE，MAE 没有对误差取平方，在数值上会更小些。计算 MAE 的代码如下。

```
>>> from sklearn.metrics import mean_absolute_error
>>> mean_absolute_error(target, predictions)
3.270862810900316
```

4.2.7 Bootstrap 统计方法

Bootstrap 统计方法主要用于推断总体的参数，并估计参数统计量的准确性。它的基本思想是通过重复抽样得到多个样本，再根据样本统计量来推断总体统计量，并计算总体统计量的标准误差等。具体步骤如下。

- 从总体中随机抽取一个含有 n 个数据的样本。
- 对该样本进行重复抽样，共进行 B 次（B>1000）。
- 在每个新得到的自助样本中计算样本统计量，如均值、中位数等。
- 分别计算 B 次模拟中样本统计量的均值和标准误差。
- 利用输出结果构建置信区间，或者计算假设检验的 p 值等。

波士顿房价数据集中的第 0 个特征为犯罪率（Crime），下面用 Bootstrap 统计方法来研究犯罪率对房价的影响。

```
half = int(0.5 * len(target))
subsample = lambda: np.random.choice(
                np.arange(0, len(target)),
                size = half
            )
lr = LinearRegression()
num = 1000
coefs = np.ones(num)
for i in range(num):
    idxs = subsample()
```

```
    X, y = boston[idxs], target[idxs]
    lr.fit(X, y)
    coefs[i] = lr.coef_[0]
```

代码第 1 行定义了 half 值为 target 长度的一半。第 2 行的 subsample 用于随机生成下标序列，每次调用它都会生成 target 长度范围内的随机数序列，其效果相当于随机抽取一半的样本。重复抽样的过程会被重复 1000 次（第 9 行），每次先随机地生成下标序列（第 10 行），然后用下标序列选出特征集和目标集。模型适配后再将算出来的第 0 个参数（coef_[0]）保存到 coefs 数组中。

有了 coefs 的数据，就可以直接查看在多次重复抽样的情况下，犯罪率对应的系数的分布情况，如图 4-7 所示。

```
>>> pd.Series(coefs).hist(bins = 50)
```

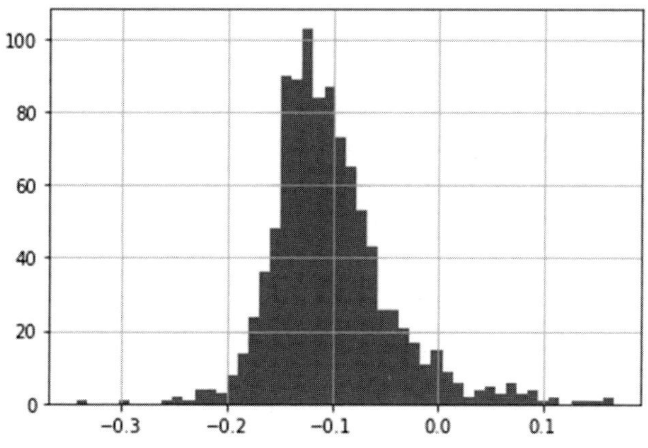

图 4-7 犯罪率对应的系数的分布情况

最后求出置信区间，代码如下。

```
>>> np.percentile(coefs, [2.5, 97.5])
array([-0.18662323,  0.05249025])
```

4.3 岭回归

线性模型的成本函数是 MSE，其公式如下所示。

$$\mathrm{MSE} = \frac{1}{m}\sum_{i=1}^{m}\left(y_i - \hat{y}_i\right)^2$$

求解线性模型的目标就是使成本函数的值最小。但在求解的过程中，线性模型可能会遭遇数据拟合得过好的情形，这时解出来的模型往往没有实践上的价值。

在机器学习中，为解决这种过拟合的问题，常见的做法是在成本函数中加入正则化项。岭回归就是这样一种针对线性模型过拟合的解决方案，其成本函数为

$$\frac{1}{m}\sum_{i=1}^{m}\left(y_i-\hat{y}_i\right)^2+\frac{\alpha}{2}\sum_{i=1}^{m}w_i^2$$

式中，α 为某个常数，w_i 为线性模型的权重。

4.3.1 bootstrap 函数

岭回归在成本函数中添加的正则化项对线性模型的系数有很大的影响。下面我们用 Bootstrap 统计方法来研究一般线性回归（4.2 节所讲的线性模型）与岭回归在系数分布上的区别。为便于计算，需要先自定义函数来实现重复抽样过程，代码如下。

```
def bootstrap(model):
    global data, target
    n = 1000
    sample_size = int(0.5 * len(target))
    subsample = lambda: np.random.choice(
                    np.arange(0, len(target)),
                    size = sample_size
                 )
    coefs_ = np.ones((n, 3))
    for i in range(n):
        idxs = subsample()
        X, y = data[idxs], target[idxs]
        model.fit(X, y)
        coefs_[i][0] = model.coef_[0]
        coefs_[i][1] = model.coef_[1]
        coefs_[i][2] = model.coef_[2]
    return coefs_
```

bootstrap 函数的参数为模型对象，它实现了 Bootstrap 统计方法的几个关键步骤。bootstrap 函数会记录下模型适配后得到的前 3 个系数。

```
    coef_[0], coef_[1], coef_[2]
```

由于循环了 1000 次，因此 bootstrap 函数的结果会是 1000 次模型适配后的前 3 个系数的值。

为方便比较，我们把系数的分布用直方图的形式来呈现。下面的代码定义了画模型系数直方图的函数，参数为模型的系数，在作图时会共享 x 轴。

```
def plot_coefs(coefs):
    plt.figure(figsize = (14, 9))
    ax1 = plt.subplot(311, title = 'coef_[0]')
    ax1.hist(coefs[:, 0], bins = 50)
    ax2 = plt.subplot(312, sharex = ax1, title = 'coef_[1]')
    ax2.hist(coefs[:, 1], bins = 50)
    ax3 = plt.subplot(313, sharex = ax1, title = 'coef_[2]')
    ax3.hist(coefs[:, 2], bins = 50)
    plt.show()
```

4.3.2 系数分布

一般线性回归与岭回归若要在相同的数据集上进行比较，则可以用 sklearn 自带的方法来生成比较用的数据集。

```
>>> from sklearn.datasets import make_regression
>>> data, target = make_regression(
...     n_samples = 2000,                         #生成的样本数量
...     n_features = 3,                           #数据集有 3 个特征
...     effective_rank = 2,                       #秩为 2
...     noise = 10                                #随机噪声
... )
```

先用不带参数的 LinearRegression 类来适配数据集，并画出 3 个系数的直方图（见图 4-8），代码如下。

```
>>> from sklearn.linear_model import LinearRegression
>>> lr = LinearRegression()
>>> coefs = bootstrap(lr)
>>> plot_coefs(coefs)
```

接下来用岭回归来适配数据集，并画出 3 个系数的直方图（见图 4-9），代码如下。

```
>>> from sklearn.linear_model import Ridge
>>> r = Ridge()
>>> coefs_r = bootstrap(r)
>>> plot_coefs(coefs_r)
```

粗略地看，图 4-8 和图 4-9 所示的形状差不多，不过，只要注意 x 轴刻度的大小，就可以看出岭回归的系数的分布范围远比线性回归的系数的分布范围要小。

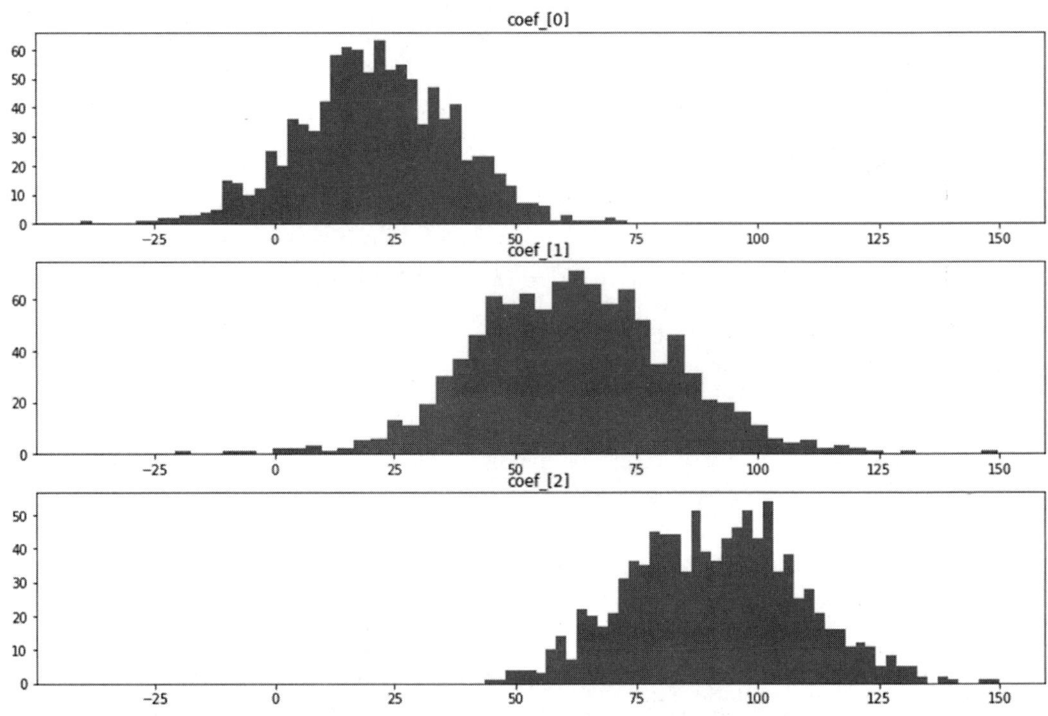

图 4-8　用 LinearRegression 类来适配数据集的 3 个系数的直方图

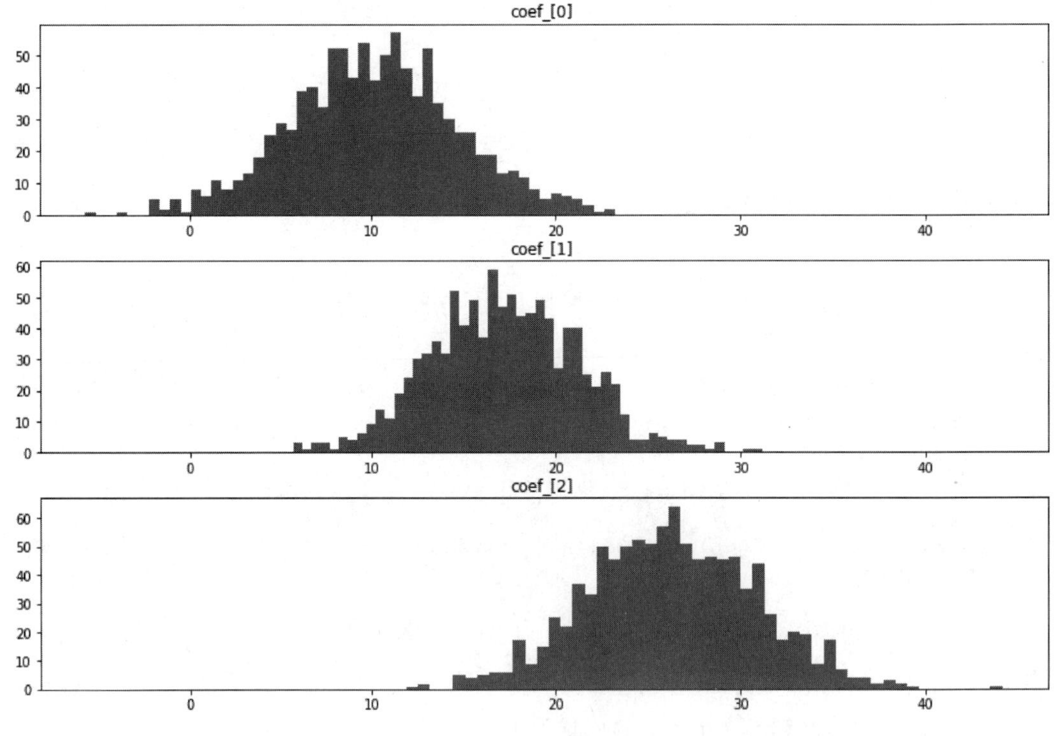

图 4-9　用岭回归来适配数据集的 3 个系数的直方图

这一点可通过比较二者的方差来确认，代码如下。

```
>>> np.var(coefs, axis = 0)
array([257.20355276, 418.00879193, 305.59097074])
>>> np.var(coefs_r, axis = 0)
array([21.36460371, 16.03427757, 21.24164998])
```

可以看到，一般线性回归的各个系数的方差都比岭回归各个系数的方差大很多。

4.3.3 alpha 参数

在线性模型的应用中，直接使用 LinearRegression 类的情形是非常少的，在能使用岭回归的情况下不会应用一般的线性模型。

岭回归模型中最重要的参数是 alpha，sklearn 中的 Ridge 在默认情况下会把 alpha 设置为 1.0，但在很多情况下这个设置并不好。如果不清楚如何确定 alpha，那么就可以根据数据来寻找最佳的 alpha。

下面用 RidgeCV 来寻找最佳的 alpha 参数，代码如下。

```
>>> from sklearn.linear_model import RidgeCV
>>> alphas = np.linspace(0.01, 1)              #从 0.01 到 1 之间的 50 个值
>>> rcv = RidgeCV(
...     alphas = alphas,                       #alpha 会取的值
...     store_cv_values = True                 #保存每次的均方误差
... )
>>> rcv.fit(data, target)
```

RidgeCV 会针对每个 alpha 的值做交叉验证，运行后的结果会保存在成员属性中。

```
>>> rcv.alpha_
0.030204081632653063
```

代码中的 alpha_是 RidgeCV 找到的最佳的 alpha 值。

构造 RidgeCV 参数 store_cv_values=True，就可以通过成员属性来获取交叉验证所得的均方误差，即

```
>>> rcv.cv_values_.shape
(2000, 50)
```

RidgeCV 在默认情况下会采用留一交叉验证（Leave-One-Out Cross-Validation），也就是说，RidgeCV 在每次验证时只留一条数据来验证，其余数据作为训练集。原数据集共有 2000 条数据，使用留一交叉验证会得到 2000 次结果。每次交叉验证又要遍历 50 个不同的 alpha 值，因此第二个维度的值是 50。

可以通过以下代码画出在交叉验证过程中 cv_values_的均值曲线，如图 4-10 所示。

```
>>> plt.plot(alphas, rcv.cv_values_.mean(axis = 0))
>>> plt.show()
```

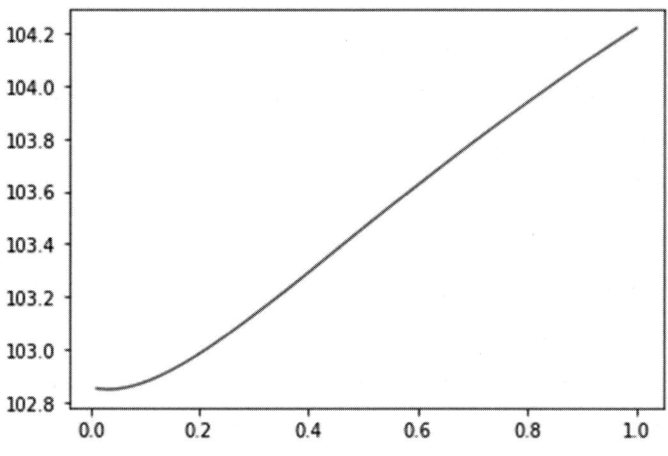

图 4-10　在交叉验证过程中 cv_values_的均值曲线

4.3.4　最佳 alpha 参数

用 RidgeCV 找到了最佳的 alpha 参数后，我们来验证最佳 alpha 参数的表现。

首先来看默认 Ridge 对象的表现，代码如下。

```
>>> from sklearn.metrics import mean_squared_error
>>> r.fit(data, target)
>>> predictions = r.predict(data)
>>> mean_squared_error(target, predictions)
103.98900817063395
```

然后来看使用最佳 alpha 参数后 Ridge 对象的表现，代码如下。

```
>>> r2 = Ridge(alpha = rcv.alpha_)
>>> r2.fit(data, target)
>>> predictions2 = r2.predict(data)
>>> mean_squared_error(target, predictions2)
102.45562354271523
```

可以看到，使用最佳 alpha 参数后均方误差变小了一些。

4.4 LASSO 回归

最小绝对收缩和选择算子（Least Absolute Shrinkage and Selection Operator，LASSO）回归与岭回归很相似，也是在其成本函数中添加新的正则化项。LASSO 回归的成本函数如下所示。

$$\text{MSE} + \alpha\sum_{i=1}^{m}|w_i|$$

可以看到，与岭回归的正则化项相比，LASSO 回归的正则化项用绝对值替代了平方，并且不用除以 2。虽然区别不大，但 LASSO 回归的表现与岭回归的表现大不一样。

4.4.1 基本用法

为演示 LASSO 回归的用法，可用 sklearn 来生成数据集，代码如下。

```
>>> from sklearn.datasets import make_regression
>>> data, target = make_regression(
...     n_samples = 200,
...     n_features = 500,
...     n_informative = 5,
...     noise = 5
... )
```

该数据集中特征的数量特别多（500），甚至超过了数据本身的数量（200），但在这 500 个特征中，真正起作用的只有 5 个。这种特征数量多，但有效特征数量少的数据特别适合用 LASSO 回归来处理。

```
>>> from sklearn.linear_model import Lasso
>>> lasso = Lasso()
>>> lasso.fit(data, target)
```

可以看到，LASSO 回归的使用也遵循先构建对象再适配的过程。

4.4.2 非零的系数

LASSO 回归的特别之处可从下面的计算中看出来。

```
>>> np.sum(lasso.coef_ != 0)
8
```

根据以上代码我们可以发现，统计模型中只有 8 个非零的系数！要知道数据集中有 500 个特征，按理会有 500 个系数。上述统计结果意味着有 402 个系数为 0。

为了更好地理解这个问题，我们来计算当参数 alpha 为 0（在默认情况下，LASSO 回归的 alpha 参数的值为 1）时的非零系数的个数，代码如下。

```
>>> lasso_0 = Lasso(alpha = 0)
>>> lasso_0.fit(data, target)
>>> np.sum(lasso_0.coef_ != 0)
500
```

从成本函数的公式可以看出，当 alpha 取 0 时，成本函数的正则化项为 0，成本函数即线性函数的成本函数这就变成了 LinearRegression（线性回归），非零系数有 500 个。在这种情况下，使用 LASSO 回归就会变得毫无意义。

LASSO 回归倾向于消除不重要的特征，这一点在实践中会非常有用。

4.4.3 最佳 alpha 参数

可以用 LassoCV 找出最佳的 alpha 参数，代码如下。

```
>>> from sklearn.linear_model import LassoCV
>>> lassocv = LassoCV()
>>> lassocv.fit(data, target)
```

在使用 LassoCV 时，可以不指定任何参数。适配后就可以找出最佳 alpha 参数，即

```
>>> lassocv.alpha_
0.7101799665841924
```

最佳 alpha 参数对应的非零系数的个数如下。

```
>>> np.sum(lassocv.coef_ != 0)
21
```

4.4.4 特征选择

LASSO 回归可用来选出系数不为零的列，这就是特征选择。

```
>>> mask = lassocv.coef_ != 0
>>> new_data = data[:, mask]
>>> new_data.shape
(200, 21)
```

通过特征选择，把 500 个特征减少到 21 个。

4.5 逻辑回归

我们先来回顾一下线性回归的模型公式：

$$y = w_0 + w_1x_1 + w_2x_2 + \cdots + w_nx_n = w_0 + \sum_{i=0}^{n} w_ix_i$$

逻辑回归的模型公式是在线性回归的模型公式之外再封装一个新的函数：

$$y = \text{sigmoid}\left(w_0 + w_1x_1 + w_2x_2 + \cdots + w_nx_n\right) = \text{sigmoid}\left(w_0 + \sum_{i=0}^{n} w_ix_i\right)$$

式中，sigmoid 函数的定义如下。

$$\text{sigmoid}(x) = \frac{1}{1+\text{e}^{-x}}$$

sigmoid 函数在机器学习领域里非常重要，会运用到多个场景中。这与 sigmoid 函数值的分布情况密切相关。sigmoid 函数如图 4-11 所示。

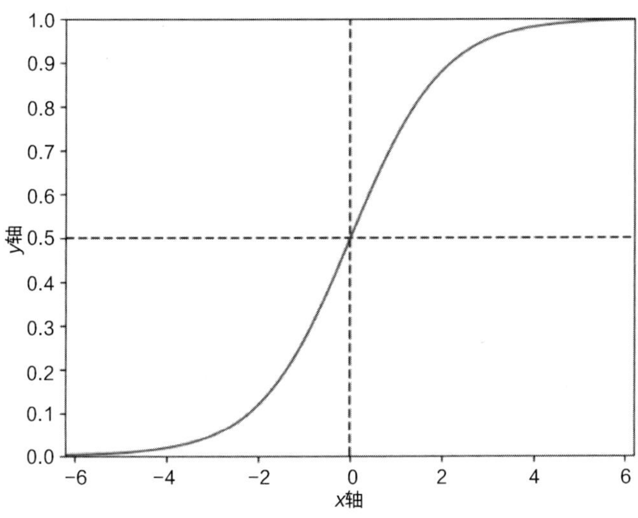

图 4-11 sigmoid 函数

从图 4-11 中可以看出，sigmoid 函数的值域被限定在[0, 1]。除了 x 靠近 0 的一段位置，函数值要么很接近于 1，要么很接近于 0。正是由于这一点，sigmoid 函数特别适合用于分类问题。

4.5.1 iris 数据集

鸢尾花（iris）数据集描述了 3 种不同类别的鸢尾花的 4 个长度数据，分别是：

- 萼片长度（sepal length）。
- 萼片宽度（sepal width）。

- 花瓣长度（petal length）。
- 花瓣宽度（petal width）。

在机器学习中经常会用上述 4 个长度数据来推测 iris 的种类。在 sklearn 中可直接加载 iris 数据集，代码如下。

```
>>> from sklearn import datasets
>>> X, y = datasets.load_iris(return_X_y = True)
>>> X = X[:, :2] #只取后两个属性长度
```

这里只取 sepal length 和 sepal width 作为训练数据集。

4.5.2 训练集与测试集

机器学习在训练模型与计算误差时，如果使用相同的数据集，误差可能会非常小，但在面对数据集之外的数据时，效果可能会非常差。为解决此类问题，一般可以考虑将训练时的数据集与测试时的数据集分离开来。sklearn 提供了 train_test_split 函数来实现此功能，代码如下。

```
>>> from sklearn.model_selection import train_test_split
>>> X_train, X_test, y_train, y_test = train_test_split(
...     X, y,
...     test_size = 0.3,                        #留 30%的数据用于测试
...     random_state = 42,                      #保证每次运行的数据集的分割是相同的
...     stratify = y                            #分层抽样
... )
```

train_test_split 函数的返回值有 4 个部分，其含义分别如下。

- X_train：用于训练的特征集。
- X_test：用于测试的特征集。
- y_train：用于训练的目标集。
- y_test：用于测试的目标集。

使用分层抽样是为了保证每个类别的数据都会以同比例的形式出现在训练集或测试集中，避免出现分割后某个类别的数据过多或过少的现象。

4.5.3 LogisticRegression 类

在 sklearn 中用 LogisticRegression 类实现逻辑回归，其基本用法与 LogisticRegression 类的基本用法基本相同，代码如下。

```
>>> from sklearn.linear_model import LogisticRegression
>>> reg = LogisticRegression()
>>> reg.fit(X_train, y_train)
```

区分训练集与测试集后，在适配模型时使用训练集，然后用测试集的数据来预测，最后计算测试集数据预测的准确率。

```
>>> from sklearn.metrics import accuracy_score
>>> y_pred = reg.predict(X_test)
>>> accuracy_score(y_test, y_pred)
0.7333333333333333
```

accuracy_score 用于计算测试集数据预测的准确率，y_test 是真实的分类结果，而 y_pred 是根据模型预测的结果，准确率就是预测结果与真实结果相符的比率。这里的结果是 73.3%，不是很好。

其实在分类问题中，准确率的参考价值并不太大，更多时候还要看其他的指标。能够反映分类情况的一种方案是查看混淆矩阵。

4.5.4 混淆矩阵

在计算混淆矩阵时，只用到 y_test 与 y_pred 的数据。计算混淆矩阵的代码如下。

```
>>> from sklearn.metrics import confusion_matrix
>>> confusion_matrix(y_test, y_pred, labels = [0, 1, 2])
array([[15,  0,  0],
       [ 0,  9,  6],
       [ 0,  6,  9]])
```

labels 用于指定不同类别对应的矩阵的下标。矩阵下标(0, 0)位置上的 15 表示真实值为 0，预测值也为 0 的数量有 15 个。同样地，矩阵下标为(1,1)位置上的 9 表示真实值为 1，预测值也为 1 的数量有 9 个。事实上，矩阵对角线上的值表示预测准确的值，而非对角线上的值表示预测错误的值。矩阵下标为(1,2)位置上的 6 表示真实值为 1 而预测值为 2 的数量有 6 个；矩阵下标为(2,1)位置上的 6 表示真实值为 2 而预测值为 1 的数量有 6 个。

可以看到，混淆矩阵提供了预测真实或错误的原始数据，对其进一步的分析我们后面再讨论。

4.5.5 预测的概率

我们可以直接查看逻辑回归算出来的概率，代码如下。

```
>>> y_pred_proba = reg.predict_proba(X_test)
```

```
>>> y_pred_proba

array([[3.35352663e-04, 1.82049650e-01, 8.17614997e-01],
       [4.13252760e-02, 5.31204930e-01, 4.27469794e-01],
       ...
       [6.13937152e-03, 3.75423090e-01, 6.18437538e-01]])
```

结果集中有 3 列，每列代表一个类别的概率。先来看第一行：

```
[3.35352663e-04, 1.82049650e-01, 8.17614997e-01]
```

这 3 个数分别代表该鸢尾花属于第 0 类的概率（3.35352663e-04）、属于第 1 类的概率（1.82049650e-01）和属于第 2 类的概率（8.17614997e-01）。根据大小的比较，该鸢尾花会被预测成属于第 2 类。

我们还可以用更直观的方式来查看各个类别的预测概率，代码如下。

```
>>> plt.figure(figsize = (12, 7))
>>> ax0 = plt.subplot(311, title = 'class 0')
>>> ax0.hist(y_pred_proba[:, 0], bins = 20)
>>> ax1 = plt.subplot(312, title = 'class 1', sharex = ax0)
>>> ax1.hist(y_pred_proba[:, 1], bins = 20)
>>> ax2 = plt.subplot(313, title = 'class 2', sharex = ax0)
>>> ax2.hist(y_pred_proba[:, 2], bins = 20)
>>> plt.show()
```

根据上述代码可得各个类别的概率分布，如图 4-12 所示。图中的横坐标分别表示该鸢尾花为第 0 类（class 0）、第 1 类（class 1）和第 2 类（class 2）的预测概率值，每根柱子的高低表示预测概率值落在柱宽范围内的数据的个数。

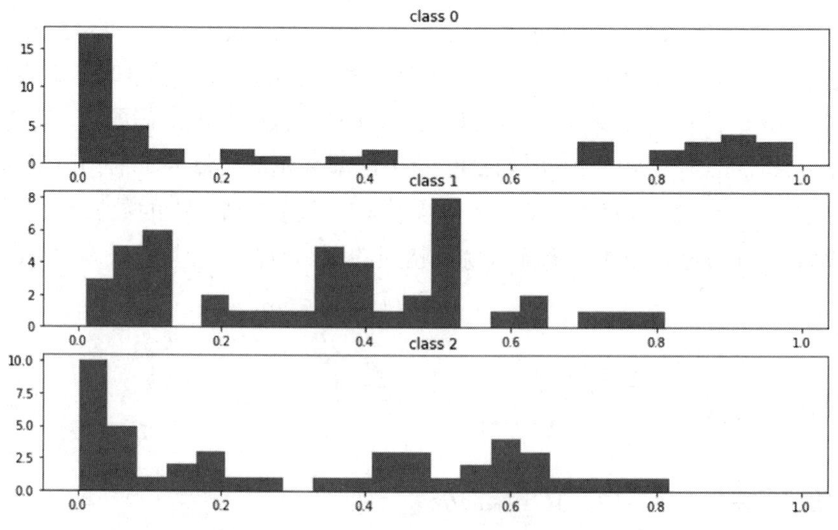

图 4-12　各个类别的概率分布

第 5 章

朴素贝叶斯

朴素贝叶斯常用于分类问题，本章讲解了用朴素贝叶斯算法进行中文文档分类的做法。

本章内容包括：

- 贝叶斯原理
- TF-IDF
- 中文文档分类

5.1 贝叶斯原理

贝叶斯原理是一种用于计算在已知的某些条件下一个事件发生的概率的方法。它通常用于机器学习领域中的分类问题。

5.1.1 患癌的概率

贝叶斯原理与我们的生活联系非常密切，但其对应的公式并不容易理解。我们从一个医学上的例子入手，以面积的形式来进行理解。

某种特定癌症的患病率为 0.1%。现有一种检测方法：患者中检测为阳性的概率为 95%；健康人群中检测为阳性的概率为 2%。如果被检测为阳性，那么实际患上这种癌症的概率是多少？

患癌的概率可以通过计算面积来得到。图 5-1 所示为患癌的概率，左侧为患者，根据患癌的概率，可以将其面积直接记为 0.001，右侧未患癌的面积就是 0.999。

患者中又分为检测为阳性的患者和检测为阴性的患者，其面积分别记成 0.95 和 0.05。未患癌的健康人群也分为检测为阳性的健康人群和检测为阴性的健康人群，其面积分别记成 0.02 和 0.98。

检测为阳性分为两种：健康阳性和患癌阳性。在检测为阳性的条件下，实际患癌的概率就是患癌阳性占检测阳性的比率，即

$$\frac{0.001\times0.95}{0.001\times0.95+0.999\times0.02}\approx0.454$$

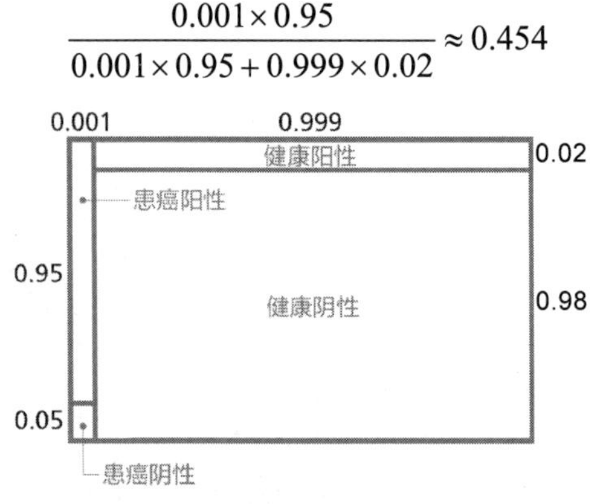

图 5-1　患癌的概率

5.1.2　贝叶斯公式

我们将上面的计算用数学符号来表示，就可以得到贝叶斯原理的公式，即贝叶斯公式。

令 D 表示检测为阳性的概率，H 表示患癌的概率。上面的计算可以用公式表示为

$$P(H\mid D)=\frac{P(H)\cdot P(D\mid H)}{P(D)}$$

式中

$$P(D)=P(H)\cdot P(D\mid H)+P(\bar{H})\cdot P(D\mid\bar{H})$$

式中，待求的 $P(H\mid D)$ 为后验概率，$P(H)$ 为先验概率，$P(D\mid H)$ 为似然。

5.1.3　朴素贝叶斯

朴素贝叶斯是基于贝叶斯原理的一种分类方法。我们可以通过一个例子来了解它。

图 5-2 所示为性别推测数据集。其中，“身高”“体重”和“鞋码”均为特征，“性别”为目标值。现有一人的身高值为“高”，体重值为“中”，鞋码值为“中”，请问该人的性别是什么？

身高	体重	鞋码	性别
高	重	大	男
高	重	大	男
中	中	大	男
中	中	中	男
矮	轻	小	女
矮	轻	小	女
矮	中	中	女
中	中	中	女

图 5-2　性别推测数据集

为方便后续的讨论，把这个人的各个特征值及性别值用符号来标识：

- 身高值为“高”记为 A_1。
- 体重值为“中”记为 A_2。
- 鞋码值为“中”记为 A_3。
- 性别为“男”记为 B_1。
- 性别为“女”记为 B_2。

我们可以分别求出该人性别为“男”的概率，以及性别为“女”的概率，看看哪一种情况的概率较大。

根据贝叶斯公式，该人性别为“男”的概率可表示为

$$P\left(B_1 \mid A_1A_2A_3\right)=\frac{P\left(B_1\right)\cdot P\left(A_1A_2A_3 \mid B_1\right)}{P\left(A_1A_2A_3\right)}$$

该人性别为“女”的概率可表示为

$$P\left(B_2 \mid A_1A_2A_3\right)=\frac{P\left(B_2\right)\cdot P\left(A_1A_2A_3 \mid B_2\right)}{P\left(A_1A_2A_3\right)}$$

上述两式的分母是相同的，要比较其大小，只看分子就可以了。然而，分子的求解并不容易。并且，现实中的特征数量可以有几百个甚至上千个，求解会更加困难。为解决这个问题，朴素贝叶斯方法引入了一个重要的假设：特征彼此之间是独立的。

有了独立性假设，我们可以先来求出 $P\left(B_1\right)\cdot P\left(A_1A_2A_3 \mid B_1\right)$。

$$\begin{aligned}P\left(B_1\right)\cdot P\left(A_1A_2A_3 \mid B_1\right)&=P\left(B_1\right)\cdot P\left(A_1 \mid B_1\right)\cdot P\left(A_2 \mid B_1\right)\cdot P\left(A_3 \mid B_1\right)\\&=\frac{4}{8}\cdot\frac{2}{4}\cdot\frac{2}{4}\cdot\frac{1}{4}\\&=\frac{1}{32}\end{aligned}$$

在计算各个概率值时，只要在数据集中数一数就可以。

接下来求 $P\left(B_2 \mid A_1A_2A_3\right)$。由图 5-2 可知，数据集在性别为“女”的数据中，没有身高为“高”的值，也就是说，$P\left(A_1 \mid B_2\right)=0$。于是可以得到

$$P\left(B_2\right)\cdot P\left(A_1A_2A_3 \mid B_2\right)=0$$

最后的结论是，该人的性别是男性。

5.1.4 sklearn 中的朴素贝叶斯

sklearn 实现了多种朴素贝叶斯模型，其中，主要有以下 3 种。

- 高斯朴素贝叶斯（GaussianNB）。

  特征变量是连续变量，符合高斯分布，如人的身高、物体的长度。
- 多项式朴素贝叶斯（MultinomialNB）。

特征变量是离散变量，符合多项分布，在文档分类中特征变量体现为一个单词出现的次数，或者是单词的 TF-IDF 值等。

- 伯努利朴素贝叶斯（BernoulliNB）。
  特征变量是布尔变量，符合 0/1 分布，在文档分类中的特征是单词是否出现。

5.2 TF-IDF

本节将介绍机器学习中处理文本的重要指标：TF-IDF。

5.2.1 词项频率与文档频率

计算机在处理自然语言文本时，需要先把文本分割成多个词项（Term）。我们把词项在文档中出现的次数称为词项频率（Term Frequency），简称 TF。

词项频率考虑的是单个文档中词项出现的次数。与之相关的文档频率（Document Frequency，DF）则描述了在某个文档集中出现词项的文档的数量。文档频率高的词项会在各个文档中出现，这就会导致该词项无法区分出不同文档之间的区别。

5.2.2 逆文档频率

文档频率的数值是不好限定范围的，不同文档频率之间也没有比较的标准。通常需要将文档频率映射到一个较小的取值范围内。为此，假定所有文档的数目为 N，词项的逆文档频率（Inverse Document Frequency，IDF）定义为

$$\mathrm{IDF} = \log \frac{N}{\mathrm{DF}+1}$$

分母之所以要加 1，是为了避免当 DF 的值为 0 时导致分母为 0。

从 IDF 的定义中可以看出，越是罕见的词项，IDF 的值就会越高。通俗地讲，罕见的词项能够更好地区分出不同的文档。

5.2.3 TF-IDF

对于一篇文档中的每个词项，将 TF 与 IDF 结合在一起就形成了 TF-IDF 权重。其具体定义为

$$\text{TF-IDF} = \mathrm{TF} \cdot \mathrm{IDF}$$

TF-IDF 权重有以下 3 个特点。

- 当词项在少数文档中多次出现时，权重值最大，也就是词项对这些文档的区分能力最强。
- 当词项在一篇文档中出现次数很少或在很多文档中出现时，权重值次之，也就是词项的区分能力一般。
- 当词项在所有文档中都出现时，权重值最小。

5.2.4 TfidfVectorizer

sklearn 提供了 TfidfVectorizer 来将文本转换成 TF-IDF 权重。假定有如下文本：

```
>>> corpus = [
...     'This is the first document.',
...     'This document is the second document.',
...     'And this is the third one.',
...     'Is this the first document?',
... ]
```

如果每个字符串算一个文档，那么 corpus 就代表了由 4 个文档组成的文档集。下面来看 TfidfVectorizer 的用法。

```
>>> from sklearn.feature_extraction.text import TfidfVectorizer
>>> vectorizer = TfidfVectorizer()
>>> X = vectorizer.fit_transform(corpus)
```

在使用 TfidfVectorizer 时需先构造对象，然后调用 fit_transform 方法，从该方法的名称可知，vectorizer 对象会先去适配 corpus 的数据，然后实施转换（transform）。转换后的结果会保存在变量 X 中，不过，X 中的内容无法直接查看，还需要再做一些变换。

我们来看 vectorizer 对象里保存的特征的名称，也就是 corpus 文档集的词典。

```
>>> words = vectorizer.get_feature_names_out()
>>> words
array(['and', 'document', 'first', 'is',
      'one', 'second', 'the', 'third',
      'this'], dtype=object)
```

从上述代码可知，一共有 9 个词项，囊括了 corpus 中所有出现过的单词。

X 中的内容是压缩过的稀疏矩阵，借助 Pandas 可以将 X 中的内容进行展示，代码如下。

```
>>> import pandas as pd
>>> df = pd.DataFrame(X.todense(), columns=words)
```

```
>>> df
        and  document     first       is  ...
0  0.000000  0.469791  0.580286  0.384085  ...
1  0.000000  0.687624  0.000000  0.281089  ...
2  0.511849  0.000000  0.000000  0.267104  ...
3  0.000000  0.469791  0.580286  0.384085  ...
```

对于上述转换的结果，需要注意以下两点。

- TfidfVectorizer 将文本转换成了数字，这就具备了进一步处理的可能。要知道，所有的机器学习算法都只能处理数字，无法处理文本。
- 转换结果中的每一行代表一个文档，可以将其看作向量，其中，每个分量对应词典中的一个词项。

5.3 中文文档分类

有了朴素贝叶斯和 TF-IDF 做基础，就可以让计算机帮助我们自动分类文档。

5.3.1 中文分类数据集

中文分类数据集[①]的目录结构如图 5-3 所示。图 5-3 中收集的中文文档共分为 4 大类别：女性、体育、文学和校园，分别放在 test 和 train 目录下。train 目录下的文档用于训练，test 目录下的文档用于测试。在 stop 目录下放了 stopword.txt 文件。该文件收集的是停用词（Stop Words），也就是在处理时需要自动过滤掉的字词，如标点符号、数字、语气词、连接词等。

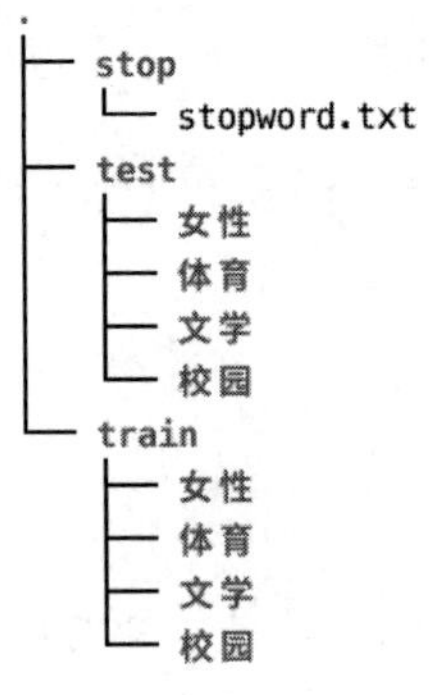

图 5-3　中文分类数据集的目录结构

① 参看陈旸在极客时间的课程“数据分析实战 45 讲”。

5.3.2 jieba 分词

英文本身就是分好词的，而中文必须先分割出词项才好对其进一步处理。在 Python 领域有一个很好用的分词库叫作 jieba，它可用下面的命令进行安装。

```
pip install jieba
```

若要读的文档很多，则需要把分词的功能单独写成函数，代码如下。

```
>>> import jieba
>>> def cut_file(file):
...     with open(file) as data:
...         return ' '.join(jieba.cut(data.read()))
```

查看函数被调用后的效果。

```
>>> cut_file('./datasets/train/体育/10.txt')
'可以 直接 到 编辑部 买 ， 地址 ，
北京 体育馆 路 8 号 ， 中国 体育
...'
```

经过 cut_file 的处理，原来的文档被转换成用空格分隔的多个词项，词项里有熟悉的中文词项，也有标点和数字。

这里需要思考一个问题，jieba 库中的 cut 函数返回的是一个列表，为何需要再转换成用空格间隔的字符串呢？

5.3.3 加载文本

数据集中的文件很多，每个分类目录下的文件都需要打上与该目录名同名的标签。下面代码中的 load_data 函数会根据数据集的目录位置遍历每个标签名下的文件，将文件分词后，再将其与标签名打包成同一元组。由于文件的数量较多，因此函数返回的是生成器对象。

```
import os
import itertools
labels = ['女性', '体育', '文学', '校园']
def load_data(datadir):
    for label in labels:
        prefix = datadir + '/' + label
        files = map(
```

```
            lambda name: prefix + '/' + name,
            os.listdir(prefix)
        )
        yield from zip(
            map(cut_file, files),
            itertools.repeat(label)
        )
```

load_data 函数可以根据训练集与测试集不同的目录名，分别加载训练集数据与测试集数据，代码如下。

```
>>> train_words, train_labels = zip(*load_data('./datasets/train'))
>>> test_words, test_labels = zip(*load_data('./datasets/test'))
```

5.3.4 停用词表

在加载停用词表时需要注意字符编码。加载停用词表的代码如下。

```
with open('./datasets/stop/stopword.txt', encoding='utf-8-sig') as file:
    stop_words = file.read().split('\n')
```

可用下面的表达式查看停用词表的部分内容。

```
>>> stop_words[:20]
```

5.3.5 计算 TF-IDF 权重

要让机器学习算法处理文本，必须先将文本转换成数字。使用 TfidfVectorizer 可完成该转换，代码如下。

```
>>> from sklearn.feature_extraction.text import TfidfVectorizer
>>> tf = TfidfVectorizer(stop_words=stop_words, max_df=0.5)
>>> train_features = tf.fit_transform(train_words)
>>> test_features = tf.transform(test_words)
```

这里可以回答 5.3.2 节最后提出的问题了。之所以在 cut_file 中返回用空格分割的字符串，而不是字符串数组，是因为 TfidfVectorizer 的设计。由于大多数西方语言均是通过空格来分隔单词的，因此 TfidfVectorizer 沿用了这种设定，一个字符串会被当作一个文档，文档内部的词项要通过空格来分隔。因此，中文文档在处理时会格外别扭。

5.3.6　朴素贝叶斯分类器

文本分类适合使用多项式朴素贝叶斯分类器，代码如下。

```
>>> from sklearn.naive_bayes import MultinomialNB
>>> clf = MultinomialNB(alpha=0.001)
>>> clf.fit(train_features, train_labels)
>>> predict_labels = clf.predict(test_features)
```

用测试集数据计算准确率的代码如下。

```
>>> from sklearn import metrics
>>> metrics.accuracy_score(test_labels, predict_labels)
0.91
```

第 6 章

支持向量机

支持向量机（Support Vector Machine）是机器学习中的全能选手，无论是分类还是回归，是线性还是非线性，它都能处理。在 sklearn 中，分类问题一般选用 SVC（Support Vector Classification）来处理，回归问题一般选用 SVR（Support Vector Regression）来处理。

本章内容包括：

- 支持向量
- 特征缩放
- 多项式特征
- 核函数

6.1 支持向量

在学习支持向量机前，要先清楚什么是支持向量（Support Vector）。我们可以通过鸢尾花数据集来探索。

6.1.1 鸢尾花数据集

鸢尾花数据集共有 4 个特征，一个目标类别，如图 6-1 所示。

萼片长度 sepal length/cm	萼片宽度 sepal width/cm	花瓣长度 petal length/cm	花瓣宽度 petal width/cm	目标类别 target
4.8	3.4	1.6	0.2	0
5.5	2.5	4.0	1.3	1
5.7	2.8	4.5	1.3	1
6.3	3.3	6.0	2.5	2

图 6-1　鸢尾花数据集

为方便展示支持向量的含义，我们只取花瓣长度和花瓣宽度两个特征。数据集加载如下。

```
>>> from sklearn import datasets
>>> iris = datasets.load_iris()
>>> X, y = iris.data[:, 2:], iris.target
>>> mask = y != 2
>>> X, y = X[mask], y[mask]
```

mask 数组会把目标类别值为 2 的数据都过滤掉，目标类别只能取 0 和 1 两种。

直接观察数据很难直观发现。由于只取了花瓣长度和花瓣宽度两个特征，因此我们可以将其中一个特征作为横坐标，将另一个特征作为纵坐标，并在二维平面上将其绘出。下面我们用 Matplotlib 的 plot 函数画出数据集的散点图，y 值通过不同的颜色来标识。

```
>>> plt.plot(X[:, 0][y == 0], X[:, 1][y == 0], 'yo')
>>> plt.plot(X[:, 0][y == 1], X[:, 1][y == 1], 'bs')
>>> plt.axis([0, 5.5, 0, 2])
```

表达式 X[:, 0][y == 0]利用了 NumPy 的下标操作，在理解时可将其拆分成两部分。X[:, 0]表示取出 X 数据集中的第 0 列，也就是花瓣长度所在的列；[y == 0]利用布尔型数组的功能，表示提取出 y 值为 0 的点。

代码执行后可得到以花瓣长度为横坐标，以花瓣宽度为纵坐标的散点图，如图 6-2 所示。

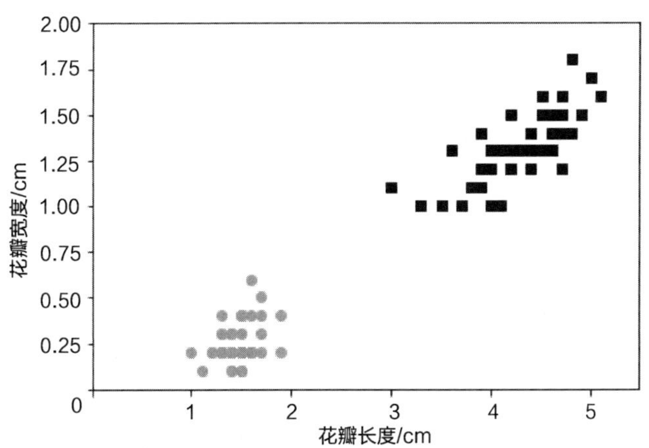

图6-2

图 6-2 以花瓣长度为横坐标，以花瓣宽度为纵坐标的散点图

在图 6-2 中，右上角的点对应的 y 值为 1，左下角的点对应的 y 值为 0，两类点之间的边界分明。考虑分界线为直线的情形（线性可分），有无数条直线可以清晰地划分出这两类点，如图 6-3 所示。

但通常我们会希望找出一条最佳的分界线。什么是最佳呢？这里需要有一个明确的衡量标准。

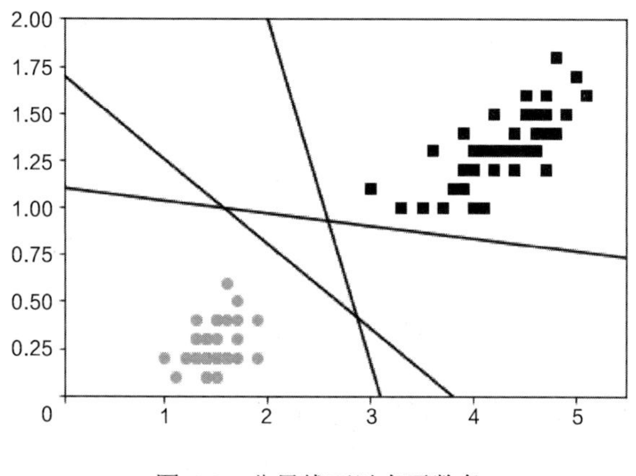

图6-3

图 6-3　分界线可以有无数条

6.1.2　线性 SVC

构建 SVC 的两个主要参数是 kernel 与 C。kernel 表示底层支持向量机所用的核函数，将其设置为 linear 即可得到线性 SVC；C 为正则化参数，为后续绘图考虑，我们先将其设置为 Python 所能取到的最大值。代码如下。

```
>>> from sklearn.svm import SVC
>>> svc = SVC(kernel = 'linear', C = float('inf'))
>>> svc.fit(X, y)
```

接下来，我们就可以利用 SVC 对象中的数据绘制出分界线和支持向量，代码如下。

```
>>> plt.plot(X[:, 0][y == 0], X[:, 1][y == 0], 'yo')
>>> plt.plot(X[:, 0][y == 1], X[:, 1][y == 1], 'bs')
>>> plot_svc_decision_boundary(svc, 0, 5.5)
>>> plt.axis([0, 5.5, 0, 2])
```

得到的分界线与支持向量如图 6-4 所示。

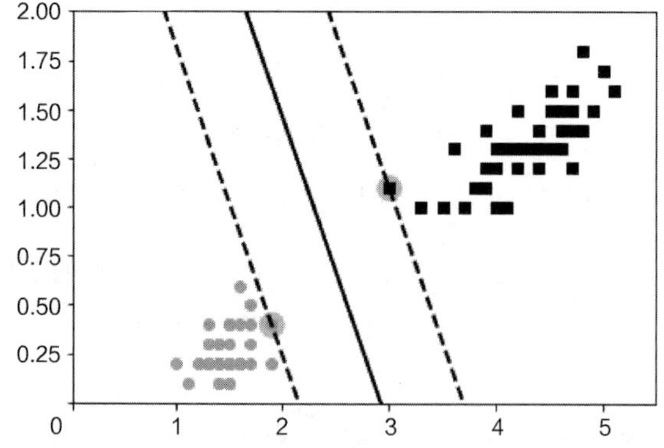

图6-4

图 6-4　得到的分界线与支持向量

图 6-4 中的阴影部分标识出来的两个点即支持向量。支持向量机的基本思想就是找出最能分出边界的支持向量。两条虚线即我们找出的最佳分界线，最佳的含义就是分界的带宽尽可能大。

6.2 特征缩放

在本节中，我们需要掌握以下两个问题：

- 为什么支持向量机一般要和缩放器（Scaler）一起使用？
- sklearn 中使用 SVC 的通用模式是什么？

6.2.1 特殊的数据点

支持向量机关注的是分界上的点，其思路与线性模型的思路有很大不同，由此也会导致出现一些特殊的问题。接下来我们构造一些特殊的数据点，对其应用线性 SVC，并绘制出分界线与支持向量。[①]

```
Xs = np.array([[1, 50], [5, 20], [3, 80], [5, 60]]).astype(np.float64)
ys = np.array([0, 0, 1, 1])
svc0 = SVC(kernel = 'linear', C = 100)
svc0.fit(Xs, ys)
plt.plot(Xs[:, 0][ys == 1], Xs[:, 1][ys == 1], 'bo')
plt.plot(Xs[:, 0][ys == 0], Xs[:, 1][ys == 0], 'ms')
plot_svc_decision_boundary(svc0, 0, 6)
plt.axis([0, 6, 0, 90])
```

上述代码构造了 4 个点，并用线性 SVC 来分类。画出的 4 个数据点的分界线与支持向量如图 6-5 所示。

在图 6-5 中，横坐标与纵坐标的比例是不相等的。纵坐标的取值最大接近 80，而横坐标的取值不超过 6。画出来的分界线是接近水平的。支持向量机的算法对数值的大小比较敏感，将这些数据进行缩放后，找到的分界线与支持向量会完全不同。

① 支持向量机并不适用于数据量极少的情形，这里的例子只是为了演示，并不代表在实际问题中可以这样用。

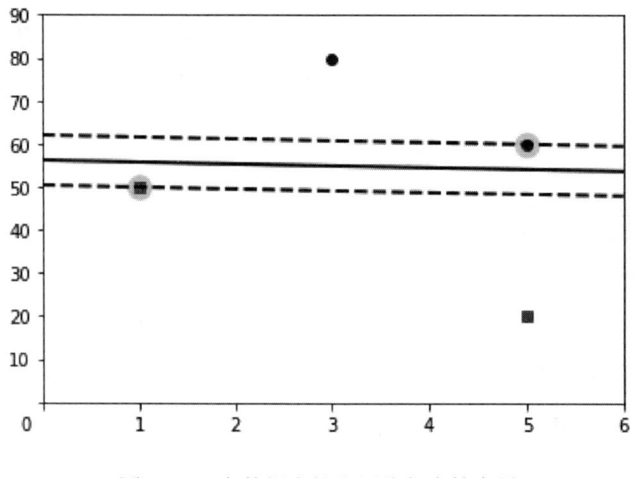

图6-5

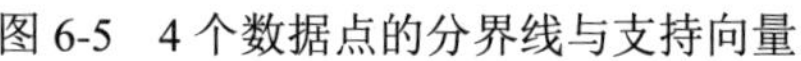
图 6-5　4 个数据点的分界线与支持向量

6.2.2　标准缩放

sklearn 的 preprocessing 模块专门负责数据的预处理，StandardScaler 类可对数据进行标准缩放。标准缩放的计算公式如下。

$$z = \frac{x - \mu}{\sigma}$$

式中，μ 为数据样本的平均值，σ 为数据样本的均方差。应用标准缩放的数据需要大致符合标准正态分布。

接下来我们先对数据进行标准缩放，然后对其应用线性 SVC 分类，并绘制出分界线及支持向量。

```
from sklearn.preprocessing import StandardScaler
scaler = StandardScaler()
X_scaled = scaler.fit_transform(Xs)
svc0.fit(X_scaled, ys)
plt.plot(
    X_scaled[:, 0][ys == 1],
    X_scaled[:, 1][ys == 1],
    'bo'
)
plt.plot(
    X_scaled[:, 0][ys == 0],
    X_scaled[:, 1][ys == 0],
    'ms'
)
```

```
plot_svc_decision_boundary(svc0, -2, 2)
plt.axis([-2, 2, -2, 2])
```

使用标准缩放后的分界线与支持向量如图 6-6 所示。

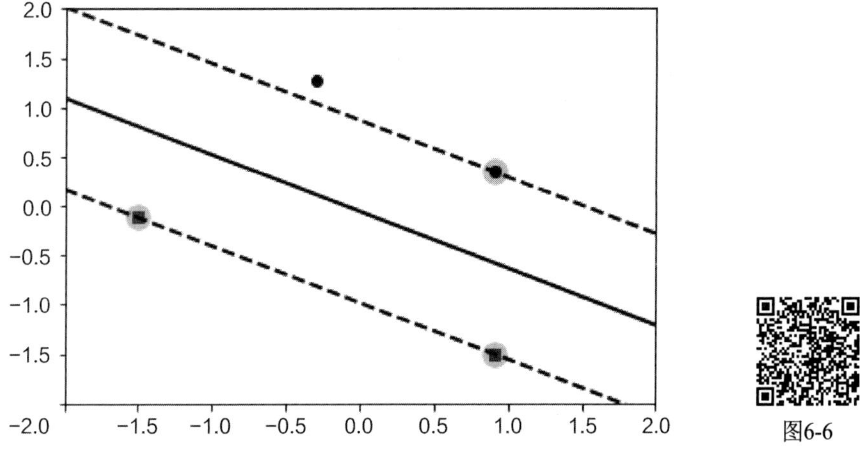

图 6-6　使用标准缩放后的分界线与支持向量

从图 6-6 中可以看到，使用标准缩放后的分界线与不使用标准缩放的分界线相差很大，使用标准缩放后的分界线上覆盖了 3 个支持向量，并且直线的方向是倾斜的。

支持向量机对数据的大小很敏感，其在实践时一般都会与缩放器结合起来使用。

6.2.3　Pipeline 类

6.2.2 节的代码稍显烦琐，sklearn 中为多个预估器的组合提供了 Pipeline 类，其在使用时就像安排流水线操作上的工位一样。

```
from sklearn.pipeline import Pipeline
pp = Pipeline([
    ('scaler', StandardScaler()),
    ('svc', SVC(kernel = 'linear', C = float('inf')))
])
pp.fit(X, y)
```

构造 Pipeline 类的参数是 Python 的列表，对列表中的元素有如下要求：

- 每个元素都应是形如(name, transform)的 Python 元组。
- 预估器（estimator）必须放在最后一个元组中。

在代码的最后，组装完成的 pp 可以像普通的预估器一样使用，这也是在 sklearn 中使用 SVC 的通用模式。

6.3 多项式特征

线性 SVC 只能对线性可分的数据进行分类，在二维平面上，分割线是直线。然而现实中的数据以非线性居多，要让支持向量机处理非线性数据，就需要做一些特殊的处理。支持向量机处理非线性数据的方法有两种：一是添加多项式特征，二是使用非线性的核函数。

本节介绍添加多项式特征的方法，以及该方法的使用。

6.3.1 生成数据集

本节中的示例需要用到非线性数据。通过 sklearn 的 make_moons 函数可以生成两个半月形的数据集，具体代码如下。

```
>>> from sklearn import datasets
>>> X, y = datasets.make_moons(
...     n_samples = 100,                           #生成 100 个样本
...     noise = 0.15,                              #为数据添加噪声
...     random_state = 42
>>> )
```

上述代码会生成 100 个带有噪声的数据，直接查看这些数据是没有意义的，我们需要将其在二维坐标系上绘制出来。执行如下指令[①]即可绘制出散点图。

```
>>> plot_dataset(X, y, [-1.5, 2.5, -1, 1.5])
```

程序执行后，生成的半月形数据如图 6-7 所示。

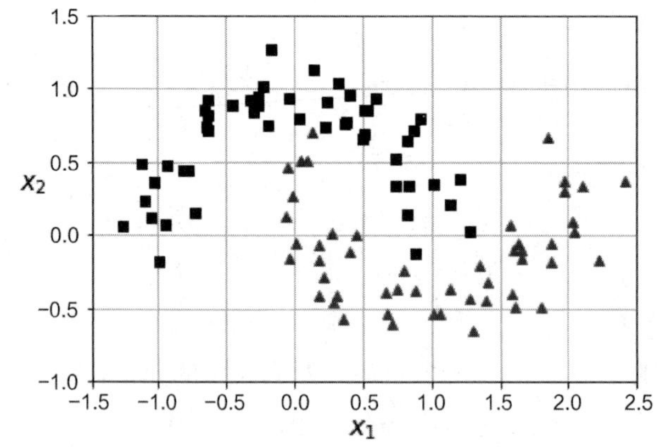

图6-7

图 6-7　生成的半月形数据

① plot_dataset 函数的定义可在练习文件中找到。

要分割图 6-7 中的两个数据集，明显不能使用直线，这时线性 SVC 就不再适用了。

6.3.2　添加多项式特征

数学上处理未知复杂问题的思路往往是将其转换成已知的简单问题。处理非线性问题的思路是将其转换成线性问题，通过添加多项式特征，原本线性不可分的数据会变得线性可分。

那么，什么是多项式特征呢？添加多项式特征后，原来的数据又会变成什么样呢？

sklearn 的 preprocessing 模块提供了 PolynomialFeatures，其作用是为特征矩阵[①]添加多项式特征。接下来，我们就通过使用 PolynomialFeatures 来了解多项式特征。

首先我们用 NumPy 构造一个特征矩阵，代码如下。

```
>>> import numpy as np
>>> X = np.arange(6).reshape(3, 2)
>>> X
array([[0, 1],
       [2, 3],
       [4, 5]])
```

记第 0 列为 $\boldsymbol{x}_0$，第 1 列为 $\boldsymbol{x}_1$，该矩阵为由两个特征组成的特征矩阵。

然后为其添加多项式特征，代码如下。

```
>>> from sklearn.preprocessing import PolynomialFeatures
>>> poly = PolynomialFeatures(degree = 2)
>>> poly.fit_transform(X)
array([[ 1.,    0.,    1.,    0.,    0.,    1.],
       [ 1.,    2.,    3.,    4.,    6.,    9.],
       [ 1.,    4.,    5.,   16.,   20.,   25.]])
>>>
```

有两个变量，最高次为 2 的多项式展开的形式如下所示。

$$\boldsymbol{x}_0^2 + \boldsymbol{x}_0 \cdot \boldsymbol{x}_1 + \boldsymbol{x}_1^2 + \boldsymbol{x}_0 + \boldsymbol{x}_1 + 1$$

原本只有两个特征向量的矩阵在应用 PolynomialFeatures 后，生成了有 6 个特征向量的矩阵。以此类推，若多项式最高为 3 次，则两个特征向量会变成 10 个特征向量。如果特征向量的数量较多，选择的多项式的次数也较高，那么扩展后的特征矩阵的规模就非常可观了。因此，在添加多项式特征时，要注意控制计算的规模，多项式的最高次数不能太高。

---

① 之所以叫特征矩阵，是因为每一列称为一个特征。

6.3.3 应用实例

sklearn 中数据处理的类大多实现了 fit/transform 接口，PolynomialFeatures 也不例外，其在使用时可用 Pipeline 类来连接。

下面的代码构建了由添加多项式特征、标准缩放、SVC 预估器构成的管道，我们可以用它去适配半月形数据集。

```
from sklearn.pipeline import Pipeline
from sklearn.preprocessing import PolynomialFeatures, StandardScaler
from sklearn.svm import SVC
ply_svc = Pipeline([
    ('poly_features', PolynomialFeatures(degree = 3)),
    ('scaler', StandardScaler()),
    ('svc', SVC(kernel = 'linear'))
])
ply_svc.fit(X, y)
```

Pipeline 类中 3 个模块的次序是不能随意变换的。添加多项式特征（poly_features）必须在标准缩放（scaler）之前，而 SVC 预估器必须在最后。若先进行标准缩放，再添加多项式特征，则数据失真会比较严重。需要特别注意的是，SVC 仍使用 linear 核函数。

用下面的代码可以画出添加多项式特征后的预测曲线。①

```
>>> plot_predictions(ply_svc, [-1.5, 2.5, -1, 1.5])
>>> plot_dataset(X, y, [-1.5, 2.5, -1, 1.5])
```

程序执行后，可得到添加多项式特征后的分界线，如图 6-8 所示。

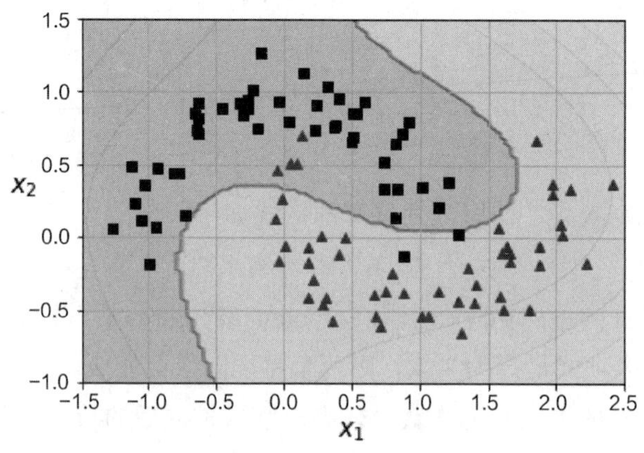

图6-8

图 6-8 添加多项式特征后的分界线

① plot_predictions 函数的定义可在练习文件中找到。

6.4 核函数

本节介绍非线性核函数。我们需要掌握以下两个问题：

- 如何设置核函数的参数？
- 不同参数对支持向量机的分类会有怎样的影响？

6.4.1 常用核函数

支持向量机还可以通过核函数来处理非线性数据。在构建 SVC 对象时，通过 kernel 参数来指定不同的核函数。常用的 kernel 选项有：

- 线性核函数。
- 高斯核函数。
- 多项式核函数。

核函数的主要功能就是把数据从原来的空间映射到另一个空间，在新的空间里，数据会变得线性可分。不同核函数映射到的空间是不一样的，每一种核函数还会有自己的参数。在使用核函数时，我们需要了解相应的核函数的公式，并清楚 SVC 中的参数与核函数参数之间的对应关系。

6.4.2 多项式核函数

使用多项式核函数的效果与添加多个多项式特征的效果相似。使用多项式核函数的好处在于不会产生过多组合的特征，在使用时可以选择较高的多项式次数。

多项式核函数的公式如下。

$$K(\boldsymbol{x},\boldsymbol{z})=(\gamma\boldsymbol{x}\cdot\boldsymbol{z}+r)^d$$

式中，$\boldsymbol{x}$ 和 $\boldsymbol{z}$ 表示当前空间里的两个向量，多项式核函数会使原来的特征向量做点积运算，在乘上参数 γ，并加上参数 r 以后，取 d 次幂。

只有指定三个参数 γ ,r ,d 后，多项式核函数才能确定。SVC 中的参数与核函数参数之间的对应关系如下：

- γ - gamma
- r - coef0
- d - degree

下面我们用多项式核函数重新适配半月形数据，并绘制分界图，代码如下。

```
from sklearn.svm import SVC
```

```
poly_kernel_svc = Pipeline([
    ('scaler', StandardScaler()),
    ('svm_clf', SVC(kernel = 'poly', degree = 3, coef0 = 1, C = 5))
])
poly_kernel_svc.fit(X, y)
plot_predictions(poly_kernel_svc, [-1.5, 2.5, -1, 1.5])
plot_dataset(X, y, [-1.5, 2.5, -1, 1.5])
```

代码执行后，得到多项式核函数的分类效果，如图 6-9 所示。

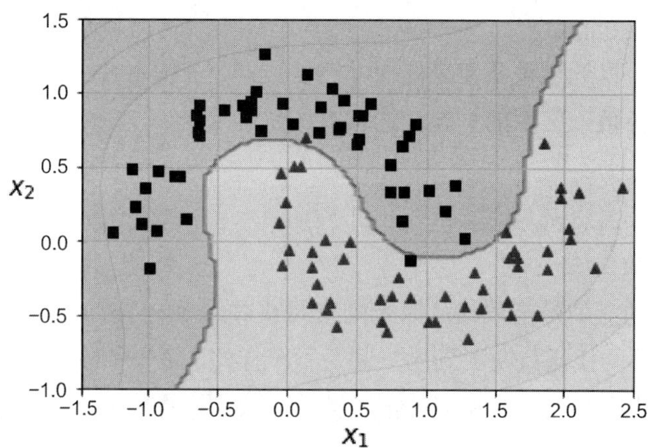

图6-9

图 6-9　多项式核函数的分类效果

我们可以仔细地比较一下图 6-8 与图 6-9，除了曲线的形状不同，还需要特别关注那些被分错的点。不同的参数会有不同的分界效果，对于机器学习，学会找到最适合的参数是一项很重要的技能。

6.4.3　高斯核函数

高斯核函数又称高斯径向基函数（高斯 RBF）。高斯核函数的定义如下。

$$K(\boldsymbol{x}, \boldsymbol{z}) = \exp\left(-\gamma \| \boldsymbol{x} - \boldsymbol{z} \|^2\right)$$

相对于多项式核函数，高斯核函数需要设置的参数只有γ（gamma）。

```
rbf_svc = Pipeline([
    ('scaler', StandardScaler()),
    ('svc', SVC(kernel = 'rbf', gamma = 5, C = 0.001))
])
rbf_svc.fit(X, y)
plot_predictions(rbf_svc, [-1.5, 2.5, -1, 1.5])
```

```
plot_dataset(X, y, [-1.5, 2.5, -1, 1.5])
```

应用高斯核函数后得到的分界图如图 6-10 所示。

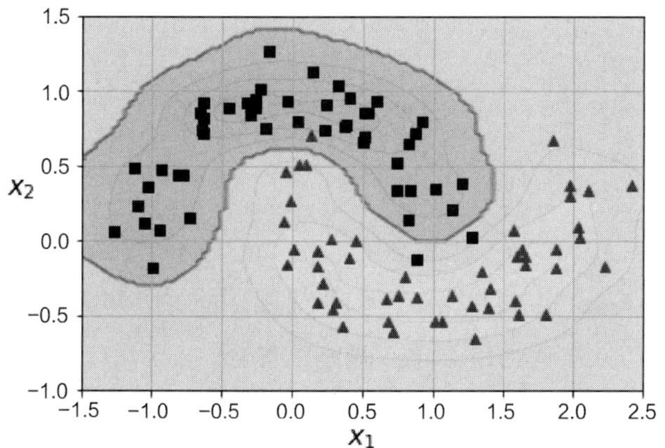

图6-10

图 6-10　应用高斯核函数后得到的分界图

第 7 章

决策树

决策树（decision tree）既可用来解决回归问题，也可用来解决分类问题。当其用在分类问题中时，决策树可以被认为是 if-then 规则的集合。

本章内容包括：

- 决策树原理
- DecisionTreeClassifier 类
- 决策树调参

7.1 决策树原理

决策树是一个包含根节点、内部节点和叶节点的树结构。从根节点到叶节点的每条路径都对应着一个决策流程。

决策树学习的本质是从训练数据中归纳出一组规则，这些规则大多有着“if...then...”的形式。

7.1.1 熵

在信息论中，熵（entropy）用于度量随机变量的不确定性。熵越大，表示随机变量的不确定性越大；不确定性越大，意味着包含的信息量越多。

假设随机变量 X 的概率分布为

$$P\left(X=x_i\right)=p_i \quad (i=1,2,\cdots,n)$$

随机变量 X 的熵定义为

$$H\left(X\right)=-\sum_{i=1}^{n} p_i \log p_i$$

在概率论中有条件概率的概念，将条件概率扩展到信息论中，就可以得到条件熵。条件熵 $H\left(Y|X\right)$ 表示在已知随机变量 X 的条件下随机变量 Y 的不确定性，其定义为

$$H(Y \mid X)=\sum_{i=1}^{n} p_i H(Y \mid X=x_i)$$

条件熵会根据频率来算。假定特征 X 将数据集 Y 分成了 n 个子集：

$$Y_1,Y_2,\cdots,Y_n$$

那么

$$H(Y \mid X)=\sum_{i=1}^{n}\frac{|Y_i|}{|Y|}H(Y_i)$$

式中，$|Y_i|$ 表示第 i 个子集的样本个数，$|Y|$ 表示数据集的样本个数。

7.1.2 信息增益

有了熵和条件熵的概念，就可以定义信息增益（information gain）了。特征 X 对训练数据集 Y 的信息增益 $I(Y,X)$ 定义为集合 Y 的熵 $H(Y)$ 与其在特征 X 条件下的条件熵 $H(Y \mid X)$ 之差，即

$$I(Y,X)=H(Y)-H(Y \mid X)$$

给定训练数据集 Y 和特征 A，$H(Y)$ 表示数据集分类的不确定性，$H(Y \mid X)$ 表示在给定特征 X 的条件下对训练数据集 Y 分类的不确定性。两者的差，即信息增益，就是给定特征 X 后，训练集的不确定性减小的程度。显然，减小得越多，特征的分类能力就越强。

决策树使用信息增益来选择特征的方法其实很简单，算出训练集中所有特征的信息增益，并比较它们的大小，信息增益最大的特征就是优先选择的特征。

7.1.3 计算实例

图 7-1 所示为性别推测数据集。针对图中的数据应如何构造决策树呢？

身高	体重	鞋码	性别
高	重	大	男
高	重	大	男
中	中	大	男
中	中	中	男
矮	轻	小	女
矮	轻	小	女
矮	中	中	女
中	中	中	女

图 7-1 性别推测数据集

数据集的特征有 3 个：身高、体重和鞋码。在构建决策树的第一层时，就要分别算出这 3 个特征能够给数据集带来的信息增益。

将性别推测数据集记为 Y，3 个特征分别记为 X_1（身高）、X_2（体重）、X_3（鞋码）。数一下数据集中男、女各自出现的频率，不难算出 $H(Y)$。

$$H(Y) = -\frac{4}{8}\cdot\log\frac{4}{8} - \frac{4}{8}\cdot\log\frac{4}{8} = 1$$

身高（X_1）共有 3 个值，分割出来的子集及出现的频率分别如下：

- 高(Y_1)：2/8。
- 中(Y_2)：3/8。
- 矮(Y_3)：3/8。

身高的条件熵为

$$\begin{aligned} H(Y \mid X_1) &= \frac{2}{8}H(Y_1) + \frac{3}{8}H(Y_2) + \frac{3}{8}H(Y_3) \\ &= \frac{2}{8}\left(-\frac{2}{2}\log\frac{2}{2} - \frac{0}{2}\log\frac{0}{2}\right) + \frac{3}{8}\left(-\frac{2}{3}\log\frac{2}{3} - \frac{1}{3}\log\frac{1}{3}\right) + \frac{3}{8}\left(-\frac{0}{3}\log\frac{0}{3} - \frac{3}{3}\log\frac{3}{3}\right) \\ &= 0.344 \end{aligned}$$

在计算中，约定 $0\cdot\log 0 = 0$。

身高的信息增益为

$$I(Y, X_1) = H(Y) - H(Y \mid X_1) = 1 - 0.344 = 0.656$$

同理，可以分别算出体重与鞋码的信息增益。

$$I(Y, X_2) = 0.5$$

$$I(Y, X_3) = 0.656$$

由于身高与鞋码的信息增益是相同的，因此选出的最优特征可以是身高，也可以是鞋码。生成决策树的过程与此类似。

7.1.4 基尼指数

决策树中除了熵，还有一个用于选择最优特征的指标叫作基尼指数（gini index）。假设有 n 个类，样本属于第 i 类的概率记为 p_k，那么基尼指数定义为

$$\text{Gini}(p) = \sum_{i=1}^{n} p_k(1 - p_k) = 1 - \sum_{i-1}^{n} p_k^2$$

与条件熵类似，特征 X 条件下的基尼指数定义为

$$\text{Gini}(Y, X) = \sum_{i=1}^{n}\frac{|Y_i|}{|Y|}\text{Gini}(Y_i)$$

利用基尼指数选择最优特征的过程与用熵选择最优特征的过程相同。

7.2 DecisionTreeClassifier 类

sklearn 中用于解决回归问题的类叫作 DecisionTreeRegressor，用于解决分类问题的类叫作 DecisionTreeClassifier。本节我们介绍 DecisionTreeClassifier 类的用法。

7.2.1 基本用法

使用 iris 数据集作为演示的数据集。加载数据集，拆分训练集与测试集的代码与之前的演示没太大区别，可在练习文件中找到，这里不再赘述。

训练集与测试集的数据分别保存在如下变量中。

```
X_train, X_test, y_train, y_test
```

下面的代码展示了 DecisionTreeClassifier 类的基本用法。

```
>>> from sklearn.tree import DecisionTreeClassifier
>>> dtc = DecisionTreeClassifier()
>>> dtc.fit(X_train, y_train)
```

接下来用测试集计算准确率，代码如下。

```
>>> from sklearn.metrics import accuracy_score
>>> y_pred = dtc.predict(X_test)
>>> accuracy_score(y_test, y_pred)
0.9333333333333333
```

7.2.2 展示决策树

决策树算法本身是构造一棵树的过程，每个分叉就是一个决策。借助外部的工具，我们可以把决策树算法内部构造的这棵树展示出来，代码如下。

```
from sklearn.tree import export_graphviz
from io import StringIO
import pydot
def create_png(clf):
    dot_iris = StringIO()
    export_graphviz(
        clf, out_file = dot_iris,
        feature_names = iris.feature_names,
        filled = True
```

```
    )
    graphs = pydot.graph_from_dot_data(
        dot_iris.getvalue()
    )
    return graphs[0].create_png()
```

Graphviz 是一个开源可视化软件，它定义了名为 DOT 的纯文本文件来描述图形。export_graphviz 函数可将 DecisionTreeClassifier 对象的内部树转换成 DOT 格式的文本文件。在 create_png 函数中，借助 pydot 库把 DOT 格式的图形转换成计算机可直接展示的 PNG 图片。

接下来就可以展示这棵树了，代码如下。

```
>>> from IPython.display import Image
>>> dtc_png = create_png(dtc)
>>> Image(dtc_png)
```

使用 Gini 的决策树如图 7-2 所示。

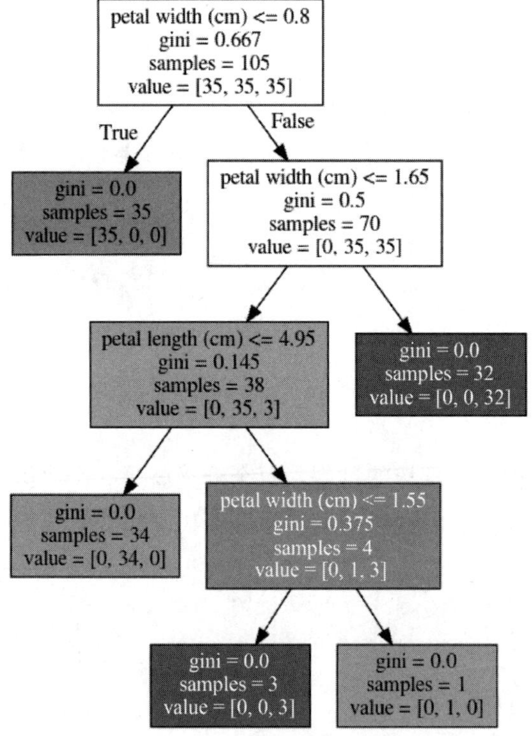

图 7-2　使用 Gini 的决策树

可以注意到，根节点中有 105 个样本，每个类别各 35 个，计算得到基尼指数为

$$\text{Gini} = 1 - \sum_{i=1}^{3} p_i^2 = 1 - 3 \times \left(\frac{35}{105}\right)^2 \approx 0.667$$

我们也可使用 entropy 作为不纯度的度量方式，代码如下。

```
>>> dtc_entropy = DecisionTreeClassifier(criterion='entropy')
>>> dtc_entropy.fit(X_train, y_train)
>>> entropy_png = create_png(dtc_entropy)
>>> Image(entropy_png)
```

使用 entropy 的决策树如图 7-3 所示。可以看出，图 7-3 与图 7-2 之间只有微小的差别。

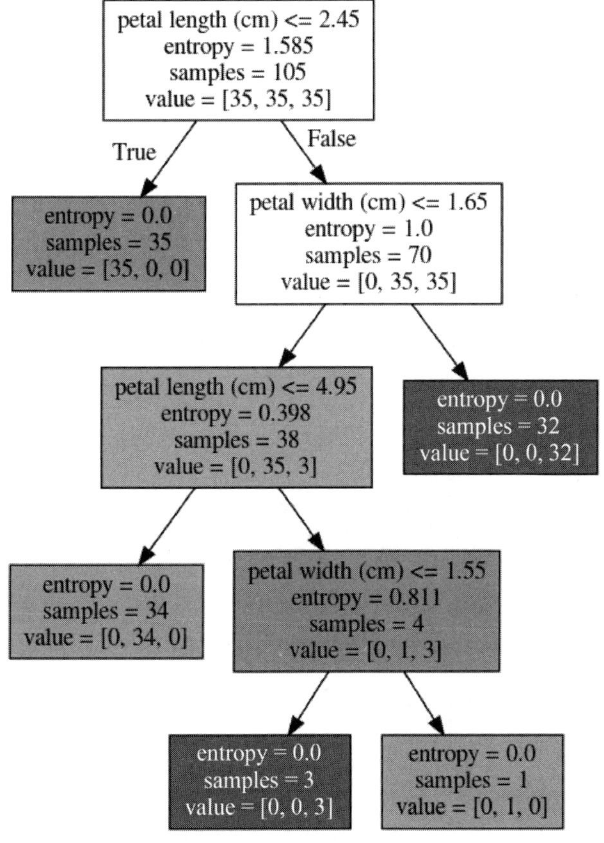

图 7-3　使用 entropy 的决策树

7.3　决策树调参

决策树分类在理论上可以百分之百地拟合训练集数据，只不过这样的决策树在面对未知数据时，一般不能准确地做出预测。

决策树对数据的拟合程度与决策树的深度有密切关系。决策树越深，对数据的拟合就越好，但同时泛化能力会越差。

DecisionTreeClassifier 类在构造决策树时可提供多个参数，其中非常重要的一个参数是 max_depth，其用于限定决策树的深度。max_depth 的值无法事先确定，需要我们根据数据本身的特点来搜索。

本节所用的数据集及变量名与 7.2 节相同，代码可在练习文件中找到，这里省略。

7.3.1 GridSearchCV 类

在机器学习的各种算法中，经常需要搜索最佳的参数，sklearn 提供了通用的搜索最佳参数的 GridSearchCV 类。顾名思义，GridSearch 是网格搜索的意思，CV 是 Cross Validate，指交叉验证。

用 GridSearchCV 类搜索最佳参数的关键在于提供搜索参数的网格。

DecisionTreeClassifier 类有两个重要的参数：criterion 和 max_depth。用 GridSearchCV 类搜索最佳参数的代码如下。

```
>>> from sklearn.model_selection import GridSearchCV
>>> param_grid = {
...     'criterion': ['gini', 'entropy'],
...     'max_depth': [3, 5, 7, 20]
... }
>>> gs = GridSearchCV(dtc, param_grid = param_grid, cv = 5)
>>> gs.fit(X_train, y_train)
```

GridSearchCV 类的用法与其他算法模型的用法很相似。我们可以通过它查看网格搜索得到的模型的准确率，代码如下。

```
>>> from sklearn.metrics import accuracy_score
>>> accuracy_score(y_test, gs.predict(X_test))
0.6666666666666666
```

7.3.2 搜索结果

GridSearchCV 类的搜索结果在名为 cv_results_ 的成员属性中。

```
>>> gs.cv_results_
```

cv_results_ 的属性比较多，可分为以下 3 个类别：

- 运行时间。如 mean_fit_time、std_fit_time 等。
- 运行参数。如 param_criterion、param_max_depth 等。
- 验证分数。如 split0_test_score、mean_test_score 等。

最佳参数可从成员属性 best_estimator_ 中获得。

```
>>> gs.best_estimator_
DecisionTreeClassifier(max_depth=5)
```

7.3.3 最大深度

决策树的最大深度会影响决策树模型的预测性能，有了 GridSearchCV 类，就可以根据 mean_test_score 的值来评价最大深度对决策树性能的影响。下面的代码演示了这一探索过程。

```
>>> dtc = DecisionTreeClassifier()
>>> max_depths = range(2, 51)
>>> pgrid = {'max_depth': max_depths}
>>> gs2 = GridSearchCV(dtc, param_grid = pgrid, cv = 5)
>>> gs2.fit(X_train, y_train)
>>> plt.plot(max_depths, gs2.cv_results_['mean_test_score'])
```

图 7-4 所示为最大深度对决策树性能的影响。

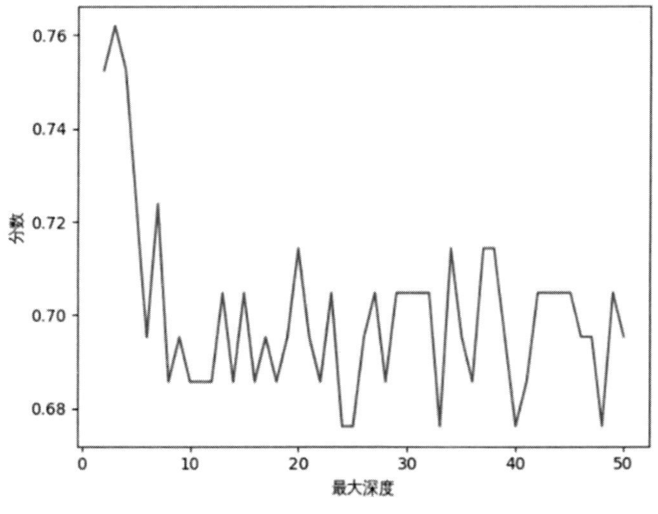

图 7-4　最大深度对决策树性能的影响

可以看出，从 2 到 51 的范围里，当最大深度取 5 时应该是最优的结果。

第 8 章

聚类分析

聚类分析算法属于无监督算法。所谓无监督，是指训练样本中没有分类标记，数据的内在性质和规律需要通过算法本身来挖掘。

本章内容包括：

- 聚类的基本概念
- K 均值算法

8.1 聚类的基本概念

聚类分析（cluster analysis）会根据样本之间的相似度或距离，将数据集划分为若干互不相交的子集，每个子集中的元素与本子集内的其他元素具有更高的相似度。用这种方法划分出的子集就是聚类（或簇），每个聚类都代表了一个潜在的类别。

分类和聚类的区别在于：分类是先确定类别再划分数据；聚类是先划分数据再确定类别。

8.1.1 距离

聚类分析要解决的一个关键问题是判断哪些样本属于同一个“类”，这就需要其能度量相似性。度量相似性最简单的方法就是引入距离测度，聚类分析正是通过计算样本之间的距离来判定它们是否属于同一个“类”的。

聚类分析中常用的距离是闵可夫斯基距离（Minkowski distance），其定义为

$$d_{ij}=\left(\sum_{k=1}^{m}\left|x_{ki}-x_{kj}\right|^{p}\right)^{\frac{1}{p}}$$

上式表示向量 $\boldsymbol{x}_i=\left(x_{1i},x_{2i},\cdots,x_{mi}\right)^{\mathrm{T}}$ 与另一向量 $\boldsymbol{x}_j=\left(x_{1j},x_{2j},\cdots,x_{mj}\right)^{\mathrm{T}}$ 之间的距离。

当 $p=2$ 时，d_{ij} 称为欧氏距离（Euclidean distance），这也是通常意义上的长度。此时，

$$d_{ij}=\left(\sum_{k=1}^{m}\left|x_{ki}-x_{kj}\right|^{2}\right)^{\frac{1}{2}}$$

8.1.2　K 均值算法的核心思想

K 均值算法是聚类分析的一种，其核心思想是每个聚类都可以用一个质心表示。

具体步骤如下：

（1）从样本中随机选择 K 个点作为初始中心点。

（2）计算每个样本到各中心点的距离，将样本划分到距离最近的中心点所对应的簇中。

（3）计算每个簇内所有样本的均值，并使用该均值更新簇的中心点。

（4）重复步骤（2）与步骤（3），直到达到以下条件之一：

① 中心点的位置变化小于指定的阈值。

② 达到最大迭代次数。

8.1.3　轮廓系数

轮廓系数（Silhouette Coefficient）用于描述聚类的内聚性，也就是一个点相对于该点所在聚类，以及与其他聚类之间的距离。

轮廓系数的定义如下。

$$S(i)=\frac{b(i)-a(i)}{\max\left[a(i),b(i)\right]}$$

式中，$a(i)$ 表示第 i 个向量到同一聚类内其他点的距离的平均值；$b(i)$ 表示第 i 个向量到相邻聚类内所有点的平均距离的最小值。

轮廓系数的取值范围是从−1 到+1，值越大表明该点与其所在聚类的匹配度越高，与其他聚类的匹配度越低，聚类的效果也就越好。

8.2　K 均值算法

在 sklearn 中实现 K 均值算法的类叫作 KMeans，我们可以通过生成的数据集来探索 KMeans 类的用法。

8.2.1　生成数据集

一般用 sklearn 中的 make_blobs 函数生成适合聚类分析的数据，其中，样本数和中心点的个数都是可以配置的。代码如下。

```
>>> from sklearn.datasets import make_blobs
>>> X, y = make_blobs(
```

```
...     n_samples = 500,                              #样本点有 500 个
...     centers = 3,                                  #中心点有 3 个
...     random_state = 42
... )
```

对生成的数据可通过画出其散点图来观察。画出散点图的代码如下。

```
>>> plt.figure(figsize = (7, 7))
>>> rgb = np.array(['r', 'g', 'b'])
>>> plt.scatter(X[:, 0], X[:, 1], color = rgb[y])
>>> plt.title('Blobs')
>>> plt.show()
```

图 8-1 所示为有 3 个中心点的数据集。

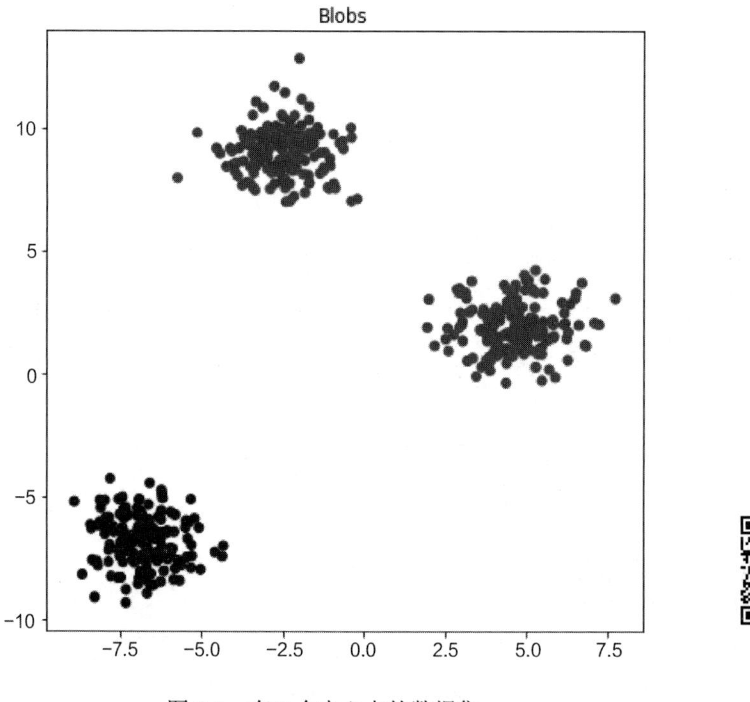

图8-1

图 8-1　有 3 个中心点的数据集

从图 8-1 中可以清晰地看到，这些点大体上可分为 3 个类别。那么 KMeans 类是否也能将这些点分成 3 个类别呢？

8.2.2　KMeans 类

假定有 3 个中心点，在用 KMeans 对象来适配数据集时需要指定参数 n_clusters 的值为 3。

```
>>> from sklearn.cluster import KMeans
```

```
>>> kmean = KMeans(n_clusters = 3)
>>> kmean.fit(X)
```

模型适配后的中心点放在成员属性 cluster_centers_中，代码如下。

```
>>> kmean.cluster_centers_
array([[-2.51336974,  9.03492867],
       [-6.83120002, -6.75657544],
       [ 4.61416263,  1.93184055]])
```

坐标的数值没有直观的意义，我们可以在图上标识出这 3 个中心点，代码如下。

```
>>> plt.figure(figsize = (7, 7))
>>> rgb = np.array(['r', 'g', 'b'])
>>> plt.scatter(X[:, 0], X[:, 1], color = rgb[y])
>>> plt.scatter(
...     kmean.cluster_centers_[:, 0],
...     kmean.cluster_centers_[:, 1],
...     marker = '*', s = 250,
...     color = 'black', label = 'centers'
... )
>>> plt.title('Blobs')
>>> plt.legend(loc = 'best')
>>> plt.show()
```

图 8-2 所示为标识出中心点的数据集。

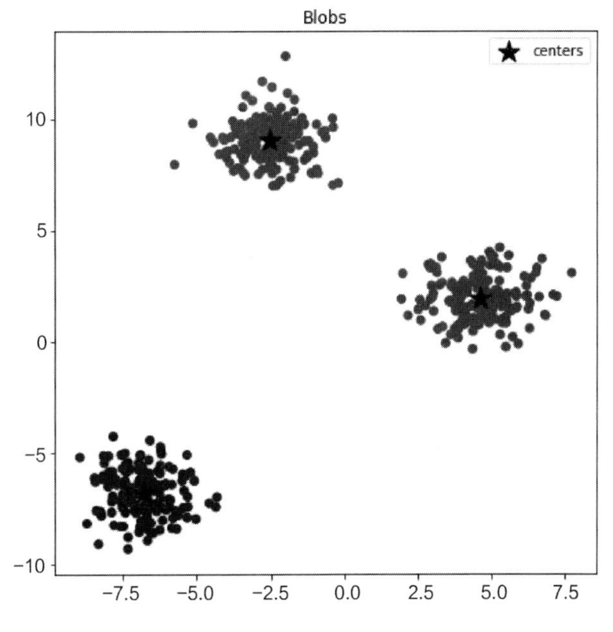

图8-2

图 8-2　标识出中心点的数据集

8.2.3 样本点到中心点的距离

线性回归、支持向量机等模型对象都带有 predict 方法，用于对未知的数据做出预测。KMeans 模型对象虽然没有 predict 方法，但有 transform 方法，用于求出样本点到中心点的距离。

下面的代码会求出 *X* 中的前 5 个点与 3 个中心点的距离。

```
>>> kmean.transform(X)[:5]
array([[16.9267258 ,  1.37670354, 14.05512914],
       [ 8.39627204, 12.33895806,  2.6712019 ],
       [12.21599006, 15.79142208,  2.34451845],
       [ 1.53402015, 14.83725837,  9.38374375],
       [11.20693843, 15.1603823 ,  1.28057032]])
```

可以看到，每一行中都有一个明显较小的值，那正是该点所属聚类的中心点。

8.2.4 轮廓系数

轮廓系数用于评价聚类效果的好坏。sklearn 中可用 silhouette_samples 求出每个样本点的轮廓系数，代码如下。

```
>>> from sklearn.metrics import silhouette_samples
>>> samples = silhouette_samples(X, kmean.labels_)
```

借助 NumPy 的 column_stack 函数，可将标签与轮廓系数并列展示。

```
>>> np.column_stack((y[:5], samples[:5]))
array([[2.        , 0.87524201],
       [1.        , 0.65955844],
       [1.        , 0.78883164],
       [0.        , 0.8013415 ],
       [1.        , 0.84539973]])
```

我们可以通过画出轮廓系数直方图（见图 8-3）获得对数据更直观的感受。图 8-3 中的横坐标为轮廓系数值，纵坐标为轮廓系数落在宽范围内的数据的个数。

```
>>> pd.Series(samples).hist()
```

由图 8-3 可知，多数样本点的轮廓系数在 0.8 以上。为衡量整体的轮廓系数，可用 silhouette_score 函数求出所有样本点的平均轮廓系数。

```
>>> from sklearn.metrics import silhouette_score
>>> silhouette_score(X, kmean.labels_)
```

```
0.8437565906781406
```

上述代码说明聚类的效果还是很理想的。

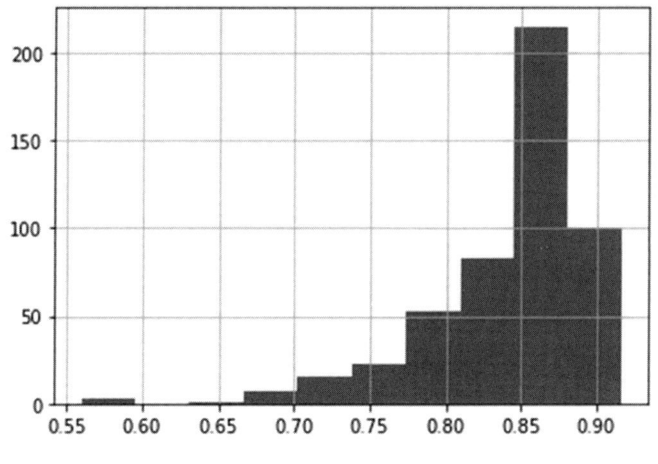

图 8-3 轮廓系数直方图

8.2.5 最佳中心点个数

KMeans 算法要求事先指定中心点的个数。但在现实中可能无法预先确定中心点的个数，这时就需要搜索最佳中心点个数。

搜索最佳中心点个数的步骤及代码如下。

（1）生成有 10 个中心点的模拟数据集。

（2）中心点个数依次取 2 到 60，并求出相应的轮廓系数。

（3）画出轮廓系数曲线图，判断最佳中心点个数。

```
>>> X, y = make_blobs(500, centers = 10)
>>> avgs = []
>>> for i in range(2, 60):
...     model = KMeans(n_clusters = i)
...     model.fit(X)
...     avgs.append(silhouette_score(X, model.labels_))
>>> plt.plot(avgs)
```

图 8-4 所示为不同中心点个数的轮廓系数平均值。其中，横坐标为中心点个数，纵坐标为其对应的轮廓系数平均值。从图 8-4 中可以看出，虽然生成的数据有 10 个中心点，但聚类效果最好的模型有 8 个中心点。

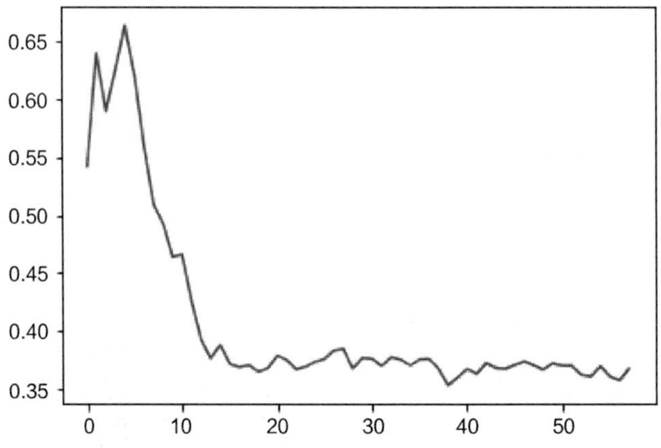

图 8-4　不同中心点个数的轮廓系数平均值

第 9 章

集成学习

集成学习（ensemble learning）可以通俗地理解为“三个臭皮匠，赛过诸葛亮。”严格一点讲，集成学习是集成多个基学习器（base learners），以得到一个更优的学习器。

本章内容包括：

- 集成学习原理
- 随机森林
- BaggingRegressor
- 梯度提升决策树

9.1 集成学习原理

集成学习方法会训练多个学习器，并将它们结合起来解决问题。其典型代表有提升法（Boosting）和装袋法（Bagging）。

9.1.1 常用架构

集成学习的常用架构如图 9-1 所示。

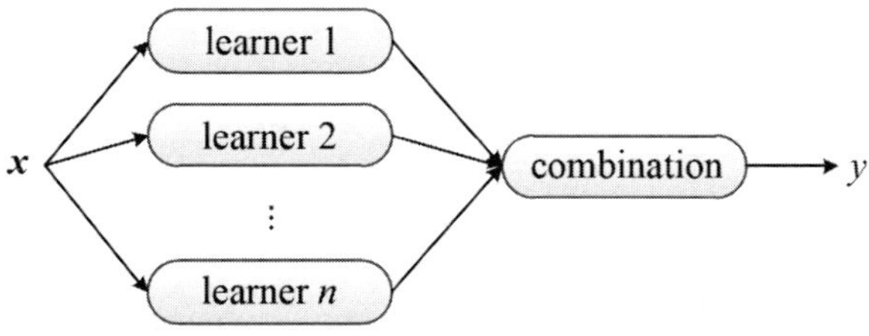

图 9-1 集成学习的常用架构

集成学习会集成多个基学习器，以获得比单个基学习器更优的方法。基学习器一般是弱学习器（weak learner），也就比瞎猜要好一些。集成学习的任务就是将多个弱学习器改造成一个强学习器（strong learner），且错误率可以达到任意小。

9.1.2 提升法

提升法可将弱学习器提升为强学习器，即通过改变训练数据的分布训练出不同的弱学习器，再将它们组合成强学习器。

提升法通过串行的方式来组合多个弱学习器，后一个学习器要想办法纠正前一个学习器所犯的错误。在使用提升法时，训练集的数据会被反复使用，每次使用前需要改变样本的概率分布，以此达到不同的训练效果。

9.1.3 装袋法

装袋法（Bagging）来源于英文 Bootstrap AGGregatING。这两个英文单词分别表示“自助”和“聚合”，这也是装袋法的关键。

装袋法通过自助采样生成不同的基学习器。自助采样就是有放回地进行抽样。学习器虽然使用相同的算法，但却在不同的训练集的随机子集上训练，这些不同的训练子集在抽样时会把样本放回。

提升法通过串行的方式来组合基学习器，装袋法则通过并行的方式来组合基学习器，装袋法更有利于发挥多核 CPU 的性能。

装袋法还有一个额外的优势。对于任意学习器，在训练时的原始训练集中约有 36.8%的样本未被使用，这些样本被称为包外（out-of-bag）样本。基学习器的好坏可以用包外样本来评估。

9.1.4 集成方法

将多个基学习器组合起来是集成学习的另一个关键。使用不同的集成方法可以影响集成学习的效果。常见的集成方法有均值法和投票法。

均值法是最基本，也是最流行的集成方法。均值法可分为简单平均法和加权平均法。

投票法分为绝对多数投票法和相对多数投票法。绝对多数投票法指每个分类器给一个类别标记投票，再统计最终得票数，取得票数多的结果。绝对多数投票法要求获胜方至少获得一半的票数。相对多数投票法仅需获胜方的得票数最多。

9.2 随机森林

随机森林是装袋法的推广，它利用属性随机化和数据随机化构造决策树。

随机森林既可解决回归问题，也可解决分类问题。

9.2.1 糖尿病数据集

我们通过 sklearn 自带的糖尿病数据集来了解 RandomForestRegressor 的用法，代码如下。

```
>>> from sklearn.datasets import load_diabetes
>>> diabetes = load_diabetes()
>>> X, y = diabetes.data, diabetes.target
```

数据集中各个特征的名称可通过下面的代码得到。

```
>>> diabetes.feature_names
['age', 'sex', 'bmi', 'bp',
 's1', 's2', 's3', 's4', 's5', 's6']
```

9.2.2 分层抽样

在分割训练集与测试集时，需要注意分层抽样。y 值的分布在不同范围内可能会有较大的差别，在抽取样本时，要保证在抽取出来的样本中各个范围内 y 值所占的比例与原数据集一致。

```
>>> bins = 50 * np.arange(8)
>>> binned_y = np.digitize(y, bins)
>>> from sklearn.model_selection import train_test_split
>>> X_train, X_test, y_train, y_test = train_test_split(
...     X, y,
...     test_size = 0.2,
...     stratify = binned_y
... )
```

9.2.3 RandomForestRegressor

抽取样本后，用 RandomForestRegressor 来适配，代码如下。

```
>>> from sklearn.ensemble import RandomForestRegressor
>>> rft = RandomForestRegressor()
```

```
>>> rft.fit(X_train, y_train)
```

查看预测的平均绝对误差，代码如下。

```
>>> y_pred = rft.predict(X_test)
>>> from sklearn.metrics import mean_absolute_error
>>> mean_absolute_error(y_test, y_pred)
44.68887640449438
```

9.2.4 特征重要性

在 RandomForestRegressor 对象中可直接查看各个特征的重要性，代码如下。

```
>>> rft.feature_importances_
array([0.05700286, 0.00872235, 0.27537772,
       0.10290266, 0.04191886, 0.05707324,
       0.05887183, 0.0294932 , 0.30870842, 0.05992887])
```

我们还可以通过以下代码画出特征重要性的直方图，如图 9-2 所示。

```
>>> fig, ax = plt.subplots(figsize = (10, 5))
>>> ax.bar(
...     np.arange(10),
...     rft.feature_importances_,
...     color = 'r', align = 'center'
... )
>>> ax.xaxis.set_ticks(np.arange(10))
>>> ax.set_xticklabels(
...     diabetes.feature_names,
...     rotation = 'vertical'
... )
```

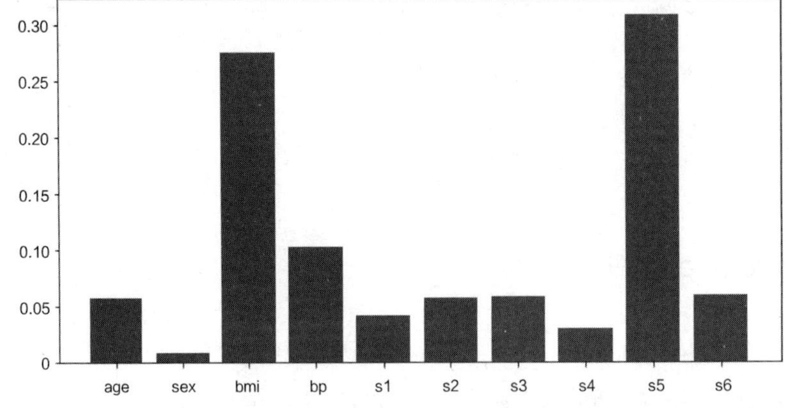

图9-2

图 9-2　特征重要性的直方图

9.3 BaggingRegressor

由于装袋法使用并行的方式聚合多个基学习器，因此可以更好地发挥多核 CPU 的作用。sklearn 提供了 BaggingRegressor 进行 bagging；对于分类问题，则使用 BaggingClassifier。

我们依旧使用糖尿病数据集，导入和分层抽样的代码均与 9.2 节中的代码相同。

9.3.1 基本用法

使用 BaggingRegressor 需要提供基预估器，这里我们选择 KNeighborsRegressor，代码如下。

```
>>> from sklearn.neighbors import KNeighborsRegressor
>>> from sklearn.ensemble import BaggingRegressor
>>> knr = KNeighborsRegressor()
>>> bagging = BaggingRegressor(base_estimator = knr)
```

9.3.2 参数说明

BaggingRegressor 除了提供基预估器（base_estimator），还可以指定其他的参数。

- n_estimators：用于集成的基预估器的个数，默认为 10。
- max_samples：抽样比例，默认为 1.0。
- bootstrap：是否自助，默认为 True，表示放回抽样，否则就是不放回抽样。
- max_features：抽取特征数量的比例，默认为 1.0。
- bootstrap_feature：在抽取特征时是否自助。
- oob_score：是否使用包外数据来评估，默认为 False。若使用包外数据，则必须保证 bootstrap=True。

用好 BaggingRegressor 的关键在于调整以上参数。不带以上参数设置的基本用法并没有太大的实用价值。

9.3.3 搜索最佳参数

BaggingRegressor 的参数大多是连续的，并且个数较多，在搜索最佳参数时，一般使用 RandomizedSearchCV 类。与 GridSearchCV 类相比，RandomizedSearchCV 类并不会把所有参数的组合都遍历，而是采用随机抽样的方式，从中选出一些参数的组合并验证评估结果。

其用法与 GridSearchCV 类的用法基本一致，代码如下。

```
>>> from sklearn.model_selection import RandomizedSearchCV
>>> params = {
...     'max_samples': [0.5, 1.0],
...     'max_features': [0.5, 1.0],
...     'oob_score': [True, False],
...     'base_estimator__n_neighbors': [3, 5],
...     'n_estimators': [100]
... }
>>> rs = RandomizedSearchCV(
...     bagging,
...     param_distributions = params,
...     cv = 3,                                     #使用 3 折交叉验证
...     n_iter = 5,                                 #参数组数
...     n_jobs = -1                                 #并发数，-1 表示无限制
... )
>>> rs.fit(X_train, y_train)
```

参数列表中的 base_estimator__n_neighbors 是提供给基预估器的参数，注意其命名规则中用两个下画线进行分隔。

找到的最佳参数可通过成员属性来查看，代码如下。

```
>>> rs.best_params_
{'oob_score': True,
 'n_estimators': 100,
 'max_samples': 0.5,
 'max_features': 1.0,
 'base_estimator__n_neighbors': 5}
```

9.3.4 最佳参数的效果

用最佳参数构造 BaggingRegressor 的代码如下。

```
>>> best_bagging = BaggingRegressor(
...     base_estimator = KNeighborsRegressor(n_neighbors = 5),
...     max_samples = 0.5,
...     n_estimators = 100,
...     oob_score = False
```

```
... )
>>> best_bagging.fit(X_train, y_train)
```

统计学上的 R^2 分数是一个经常用来评估回归分析模型拟合优度的指标。R^2 是一个 0 到 1 之间的数，通常表示成百分比。它衡量了在目标变量的变异中，可以被模型解释的部分所占的比例。其计算公式如下。

$$R^2\left(y,\hat{y}\right)=1-\frac{\sum_{i=1}^{n}\left(y_i-\hat{y}_i\right)^2}{\sum_{i=1}^{n}\left(y_i-\overline{y}\right)^2}$$

R^2 分数越高，说明模型对数据的拟合越好。例如，一个 R^2 分数为 0.8 的回归模型，说明该模型能用 80%的方差来解释目标变量的变异，而 20%的方差则可能由其他因素决定。

我们可以算出最佳参数下的 R^2 分数及平均绝对误差，代码如下。

```
>>> from sklearn.metrics import r2_score, mean_absolute_error
>>> y_pred = best_bagging.predict(X_test)
>>> r2_score(y_test, y_pred)
0.461103322818776
>>> mean_absolute_error(y_test, y_pred)
43.99752808988764
```

9.4　梯度提升决策树

梯度提升决策树（Gradient Boosting Decision Tree）是提升法的推广，它利用上一次的梯度信息来构造决策树。梯度提升决策树和随机森林一样，在各类问题上的表现都很优异，是机器学习中用得较多的通用模型之一。

9.4.1　房价数据集

我们通过加利福尼亚州的房价数据集来学习梯度提升决策树的用法。 sklearn 提供了加载函数，调用加载函数的代码如下。

```
>>> from sklearn.datasets import fetch_california_housing
>>> housing = fetch_california_housing()
>>> X, y = housing.data, housing.target
```

在分割训练集与测试集时需要注意分层抽样，代码如下。

```
>>> from sklearn.model_selection import train_test_split
>>> bins = np.arange(6)
>>> binned_y = np.digitize(y, bins)
>>> X_train, X_test, y_train, y_test = train_test_split(
...     X, y, test_size = 0.2,
...     stratify = binned_y,
...     random_state = 42
... )
```

9.4.2 初始参数集

在使用 GradientBoostingRegressor 时有多个参数需要设置，主要参数如下。

- n_estimators：基预估器的个数。
- learning_rate：学习率。
- loss：损失函数。
- max_depth：单个决策树的最大深度。
- max_features：在寻找最佳分割时需要考虑的最大特征数量。
- min_samples_leaf：每个叶节点至少需要的样本数量。

通过查阅 GradientBoostingRegressor 官方文档可以查看完整的参数列表。使用 GradientBoostingRegressor 的过程，也是调整它的各个参数的过程。一般会使用 RandomizedSearchCV 类来搜索最佳参数。为此，可先定义初始参数列表，代码如下。

```
>>> params1 = {
...     'max_features': ['log2', 1.0],
...     'max_depth': [3, 5, 7, 10],
...     'min_samples_leaf': [2, 3, 5, 10],
...     'n_estimators': [50, 100],
...     'learning_rate': [0.0001, 0.001, 0.01, 0.05, 0.1, 0.3],
...     'loss': ['ls', 'huber']
... }
```

9.4.3 最佳参数

使用 RandomizedSearchCV 类搜索最佳参数的代码如下。

```
>>> from sklearn.model_selection import RandomizedSearchCV
>>> from sklearn.ensemble import GradientBoostingRegressor
>>> rs1 = RandomizedSearchCV(
...     GradientBoostingRegressor(warm_start = True),
...     param_distributions = params1,
...     cv = 3,
...     n_iter = 30,
...     n_jobs = -1
... )
>>> rs1.fit(X_train, y_train)
```

搜索的结果可以直接列出来，但由于参数太多，查看非常麻烦，因此我们使用自定义 report 函数，以 DataFrame 的形式来查看随机搜索的结果。该函数可在练习文件中找到。

用下面的代码查看搜索结果的报表。

```
>>> report(rs1)
              param_name param_value  mean_score  mean_std
0      param_n_estimators          50    0.548764  0.353366
1      param_n_estimators         100    0.416844  0.382084
...
```

上述代码共有 20 项参数的输出，每项除了输出参数，还有平均分和标准差。根据这些分数，我们可以有针对性地调整搜索参数列表，进行第二轮搜索，代码如下。

```
>>> params2 = {
...     'max_depth': [6, 7, 8],
...     'max_features': ['sqrt', 1.0, 0.5],
...     'loss': ['huber', 'lad'],
...     'learning_rate': [0.2, 0.25, 0.3, 0.4],
...     'min_samples_leaf': [2, 4, 6],
...     'n_estimators': [100, 200, 80]
... }
>>> rs2 = RandomizedSearchCV(
...     GradientBoostingRegressor(warm_start = True),
...     param_distributions = params2,
...     cv = 3,
...     n_iter = 30,
...     n_jobs = -1
... )
>>> rs2.fit(X_train, y_train)
```

通过查看第二次搜索结果的列表，可以再进行下一步搜索。这个过程可以一直进行下去，直到找到符合要求的结果。

9.4.4 最佳模型

综合多次搜索的结果，给出最佳参数下的模型，代码如下。

```
>>> best_gbr = GradientBoostingRegressor(
...     min_samples_leaf = 6,
...     max_features = 1.0,
...     max_depth = 8,
...     loss = 'huber',
...     learning_rate = 0.3,
...     n_estimators = 200
... )
>>> best_gbr.fit(X_train, y_train)
```

计算 R^2 分数及平均绝对误差，代码如下。

```
>>> from sklearn.metrics import r2_score, mean_absolute_error
>>> y_pred = best_gbr.predict(X_test)
>>> r2_score(y_test, y_pred)
0.8268923094611126
>>> mean_absolute_error(y_test, y_pred)
0.30950210320760235
```

9.4.5 增加预估器数量

使用 4000 个预估器再次构建模型，并算出 R^2 分数及平均绝对误差。查看是否会有更好的结果，代码如下。

```
>>> gbr4000 = GradientBoostingRegressor(
...     min_samples_leaf = 6,
...     max_features = 1.0,
...     max_depth = 8,
...     loss = 'huber',
...     learning_rate = 0.3,
...     n_estimators = 4000
... )
```

```
>>> gbr4000.fit(X_train, y_train)
>>> y_pred_4000 = gbr4000.predict(X_test)
>>> r2_score(y_test, y_pred_4000)
0.8282580982648695
>>> mean_absolute_error(y_test, y_pred_4000)
0.31145549452379795
```

从结果来看，由 200 个预估器增加到 4000 个预估器，性能的提升很小。

第 10 章

房价预测

本章我们会讲解一个房价预测的实践项目。房价预测指根据房屋的各种信息来预测房价，这是一个回归问题。

本章内容包括：

- 探索数据
- 数据可视化与相关性
- 空值的处理
- 文本属性与流式处理
- 模型选择

10.1 探索数据

一般情况下，我们在得到数据以后，并不会直接应用机器学习算法，而是先进行数据分析。房价预测项目的学习重点就是数据分析。

10.1.1 加载数据

从 CSV 文件中加载房价信息。用 head 方法查看数据集的头部，代码如下。

```
>>> housing = pd.read_csv('../datasets/housing/housing.csv')
>>> housing.head()
```

数据集中的各个字段及其含义如下。

- longitude——经度。
- latitude——纬度。
- housing_median_age——房屋年龄的中位数。
- total_rooms——总房间数。
- total_bedrooms——总卧室数量。

- population——总人数。
- households——家庭数量。
- median_income——收入中位数。
- median_house_value——房价中位数。
- ocean_proximity——房屋与大海的距离。

其中，median_house_value 这一列的值，就是我们希望机器学习模型能够预测的值。

10.1.2 查看空值

一般来说，我们是不可能逐条去看数据的，因为数据量往往很大。不过，我们需要特别关注空值。

通过 info 方法，我们可以了解到数据的总量及非空值数据的分布情况，代码如下。

```
>>> housing.info()
Data columns (total 10 columns):
#   Column              Non-Null Count  Dtype
---  ------              --------------  -----
0   longitude           20640 non-null  float64
1   latitude            20640 non-null  float64
2   housing_median_age  20640 non-null  float64
3   total_rooms         20640 non-null  float64
4   total_bedrooms      20433 non-null  float64
5   population          20640 non-null  float64
6   households          20640 non-null  float64
7   median_income       20640 non-null  float64
8   median_house_value  20640 non-null  float64
9   ocean_proximity     20640 non-null  object
```

可以注意到，这个数据集共有 20640 条记录。每列都给出了列名（Column）、非空值的个数（Non-Null Count），以及列数据的类型（Dtype）。

需要特别注意的是，total_bedrooms 字段中非空值的数量是 20433，与总数 20640 相比少了 207。这说明 total_bedrooms 字段中有 207 个空值，这是我们后面的分析过程中需要特别留意的地方。

10.1.3 属性的直方图

我们可以用直方图来研究每个属性数值的分布情况，但由于 ocean_proximity 的属性为文本属性，因此其不会在直方图中显示。绘制直方图的代码如下。

```
>>> import matplotlib.pyplot as plt
>>> housing.hist(bins = 50, figsize = (18, 15))
>>> plt.show()
```

其中，bins=50 表示每个直方图的柱子的宽度是 50。各个属性的直方图如图 10-1 所示。

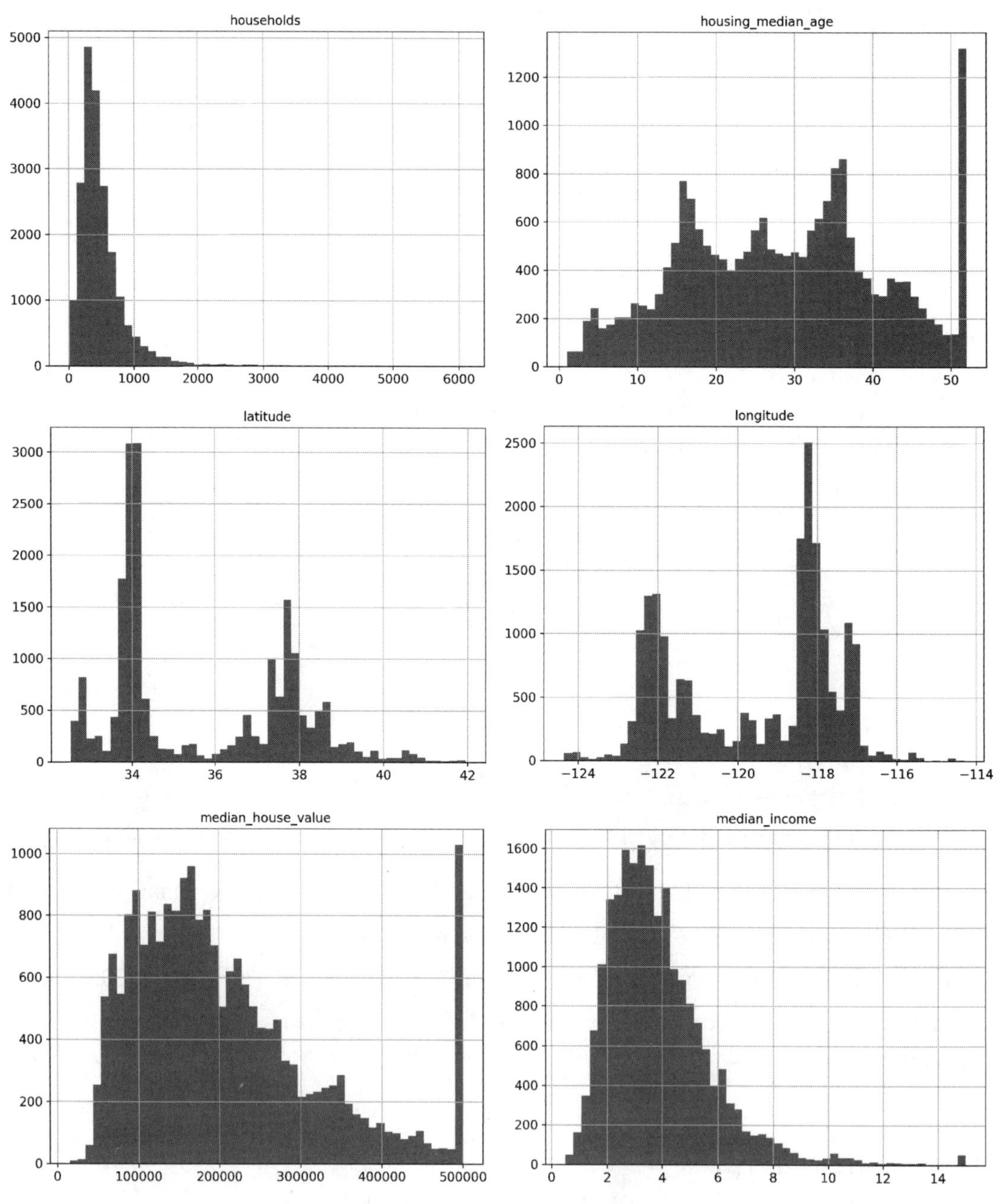

图 10-1　各个属性的直方图

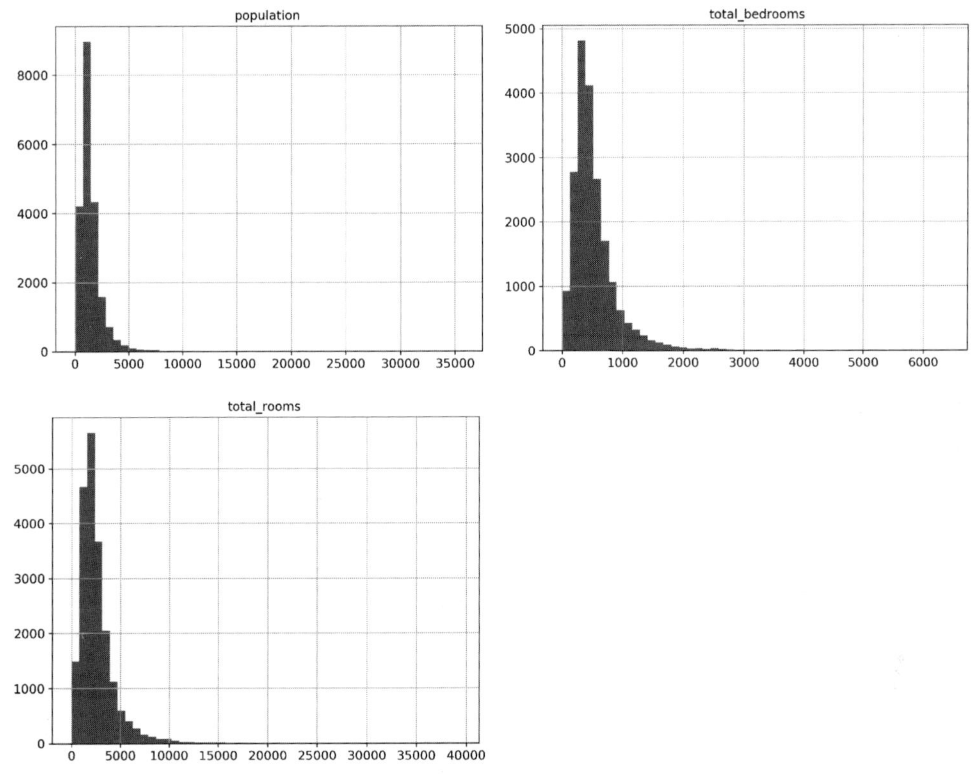

图 10-1　各个属性的直方图（续）

在观察直方图的分布时，我们需要特别留意正态分布的直方图，即直方图的形状为中间高、两头低。正态分布是现实中常见的分布情况，分析它的工具也较多，找出正态分布往往是数据分析的切入点。

在经度、纬度和房屋年龄的中位数这 3 个属性的直方图中，均看不出正态分布的痕迹。

在总房间数（total_rooms）、总卧室数量（total_bedrooms）、总人数（population）和家庭数量（households）这 4 个属性的直方图中，我们看到了中间高、两头低的痕迹，但是它们的横轴都特别长，这说明数据中有特别大的值，且数量不多。收入中位数（median_income）和房价中位数（median_house_value）的直方图比较符合正态分布。

房价中位数是我们要预测的目标值。不过，收入中位数与房价中位数的分布比较相似，由此我们可以设想二者之间存在某种关联。

10.1.4　对收入中位数进行分组

当我们从数据集中进行抽样时，不做任何区分的随机抽样效果往往不好。比较好的做法是使用分层抽样，即每层（组）抽取相应比例的数量。收入中位数的分布与目标值的分布最接近，因此，我们先对收入中位数进行分组。

收入中位数可分成 5 个类别，分别用数字 1～5 表示。

```
>>> housing['income_cat'] = pd.cut(
...     housing.median_income,
...     bins = [0, 1.5, 3, 4.5, 6, np.inf],
...     labels = [1, 2, 3, 4, 5]
... )
```

我们用 Pandas 的 cut 方法来实现分组，并将分组后的结果作为新的列放入原数据框。bins 参数表示分组的依据，0～1.5 为 1 组，1.5～3 为 2 组，以此类推。np.inf 表示无穷大。

10.1.5 分组统计

通过 value_counts 方法，我们可以查看每个类别下数据条目的数量，代码如下。

```
>>> housing['income_cat'].value_counts()
3    7236
2    6581
4    3639
5    2362
1     822
Name: income_cat, dtype: int64
```

通过 hist 方法，我们可以查看收入中位数的直方图（见图 10-2）。

```
>>> housing['income_cat'].hist()
```

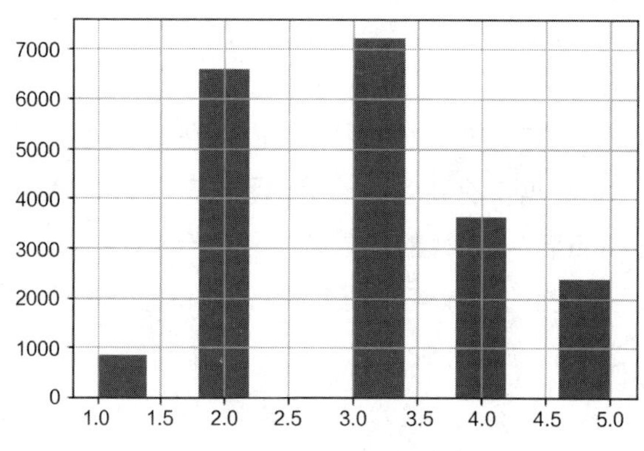

图 10-2　收入中位数的直方图

10.1.6 分层抽样

sklearn 的 StratifiedShuffleSplit 类可以实现分层抽样，代码如下。

```
from sklearn.model_selection import StratifiedShuffleSplit
split = StratifiedShuffleSplit(
n_splits = 1,
test_size = 0.2,
random_state = 42
)
for train_index, test_index in split.split(housing, housing['income_cat']):
strat_train_set = housing.loc[train_index]
strat_test_set = housing.loc[test_index]
```

在构造 StratifiedShuffleSplit 对象时，n_splits=1 表示只分 1 次；test_size=0.2 表示 20%的数据条目作为测试集，剩下的 80%作为训练集。

由于只分 1 次，因此下面的 for 循环只会被执行 1 次，split 方法的第二个数，也就是 income_cat 字段的值会作为分组的依据。split 方法的返回值是分组后数据条目的下标，用 DataFrame 中的 loc 操作符可将对应下标的值取出来，并将其放到 strat_test_set 中。

为了验证分层抽样的有效性，我们需要比较分层抽样后每一层数据条目所占的比例与其在原始数据集中对应的比例是否一致。

我们先用 value_counts 统计出每个类别的数量，再用其除以 strat_test_set 的长度，就可以得到分层抽样后每一层数据条目所占的比例，代码如下。

```
>>> n = len(strat_test_set)
>>> strat_test_set['income_cat'].value_counts() / n
3    0.350533
2    0.318798
4    0.176357
5    0.114583
1    0.039729
Name: income_cat, dtype: float64
```

接下来查看在原始数据集中各类别所占的比例，计算方法与前面的操作是一样的，代码如下。

```
>>> housing['income_cat'].value_counts() / len(housing)
3    0.350581
2    0.318847
4    0.176308
5    0.114438
1    0.039826
Name: income_cat, dtype: float64
```

这里算出来类别 3 在原始数据集中所占的比例是 0.350581，在前面分层抽样的测试集中，类别 3 所占的比例是 0.350533，二者非常接近。其他类别所占的比例也是非常相似的。因此分层抽样的效果很明显。

10.2 数据可视化与相关性

本节是房价预测项目的第二部分。在本节内容中，我们要学习数据的可视化及数据相关性的分析。

10.2.1 根据地理位置展示数据

数据集的经度和纬度是用来标识地理位置的。如果我们根据这两个参数将数据在图上标识出来，就可以直观感受获得的数据。

Pandas 的 DataFrame 中集成了常用的作图方法。我们可以在 housing 变量后直接调用 plot 方法来绘制散点图，代码如下。

```
>>> housing.plot(
...     kind = 'scatter',                          #绘制散点图
...     x = 'longitude',                           #以经度为 x 轴
...     y = 'latitude'                             #以纬度为 y 轴
... )
```

我们所用的数据集是美国加利福尼亚州的房价数据，在画出散点图后，我们可以清晰地看出加利福尼亚州的地理形状。地理位置散点图如图 10-3 所示。

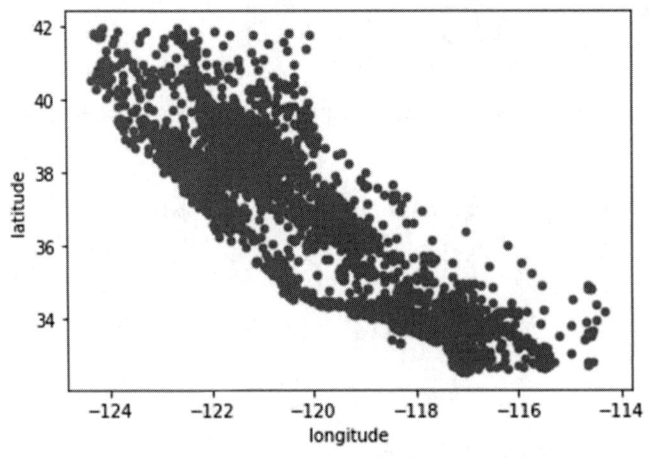

图 10-3　地理位置散点图

我们尝试将更多的数据元素在散点图中展示出来。在散点图中，除了点的位置，我们还可以通过点的大小、颜色来展示更多的信息，代码如下。

```
>>> housing.plot(
...     kind = 'scatter', x = 'longitude', y = 'latitude',
...     s = housing.population / 100,          #点的大小
...     label = 'Population',
...     c = 'median_house_value',              #房价中位数用颜色表示
...     cmap = plt.get_cmap('jet'),
...     colorbar = True
... )
```

带颜色和大小的地理位置散点图如图 10-4 所示。从右侧的颜色条中可以看出颜色与数值的对应关系。

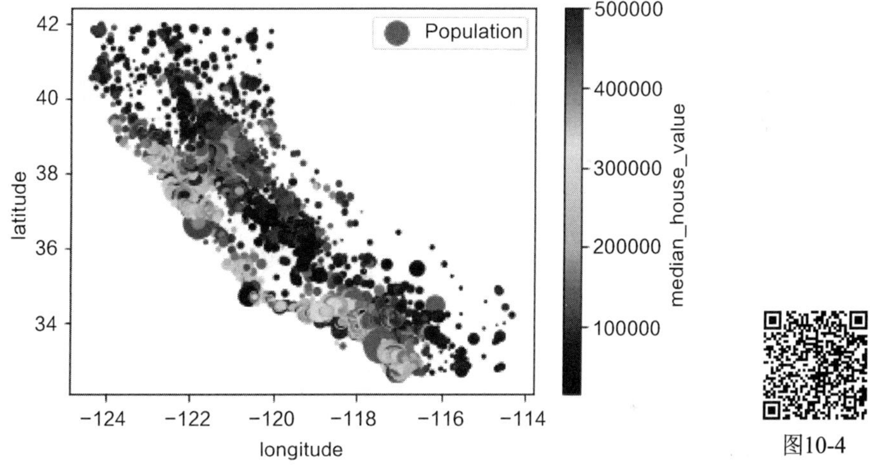

图 10-4　带颜色和大小的地理位置散点图

10.2.2　相关关系

接下来，我们画出每对数值属性之间的散点图。选出所有的数值属性，并将其存成变量 num_columns，代码如下。

```
>>> num_columns = [
...     'median_house_value', 'median_income',
...     'total_rooms', 'housing_median_age',
...     'total_bedrooms', 'households', 'population'
... ]
>>> from pandas.plotting import scatter_matrix
```

```
>>> dummy = scatter_matrix(housing[num_columns], figsize = (14, 16))
```

Pandas 提供的 scatter_matrix 函数可以绘出任意两个属性之间的散点图，如图 10-5 所示。我们用 num_columns 将数值属性的列都选出来，并传递给 scatter_matrix 函数。这里将 scatter_matrix 函数的返回值赋给 dummy 变量是为了避免太多的无关输出。

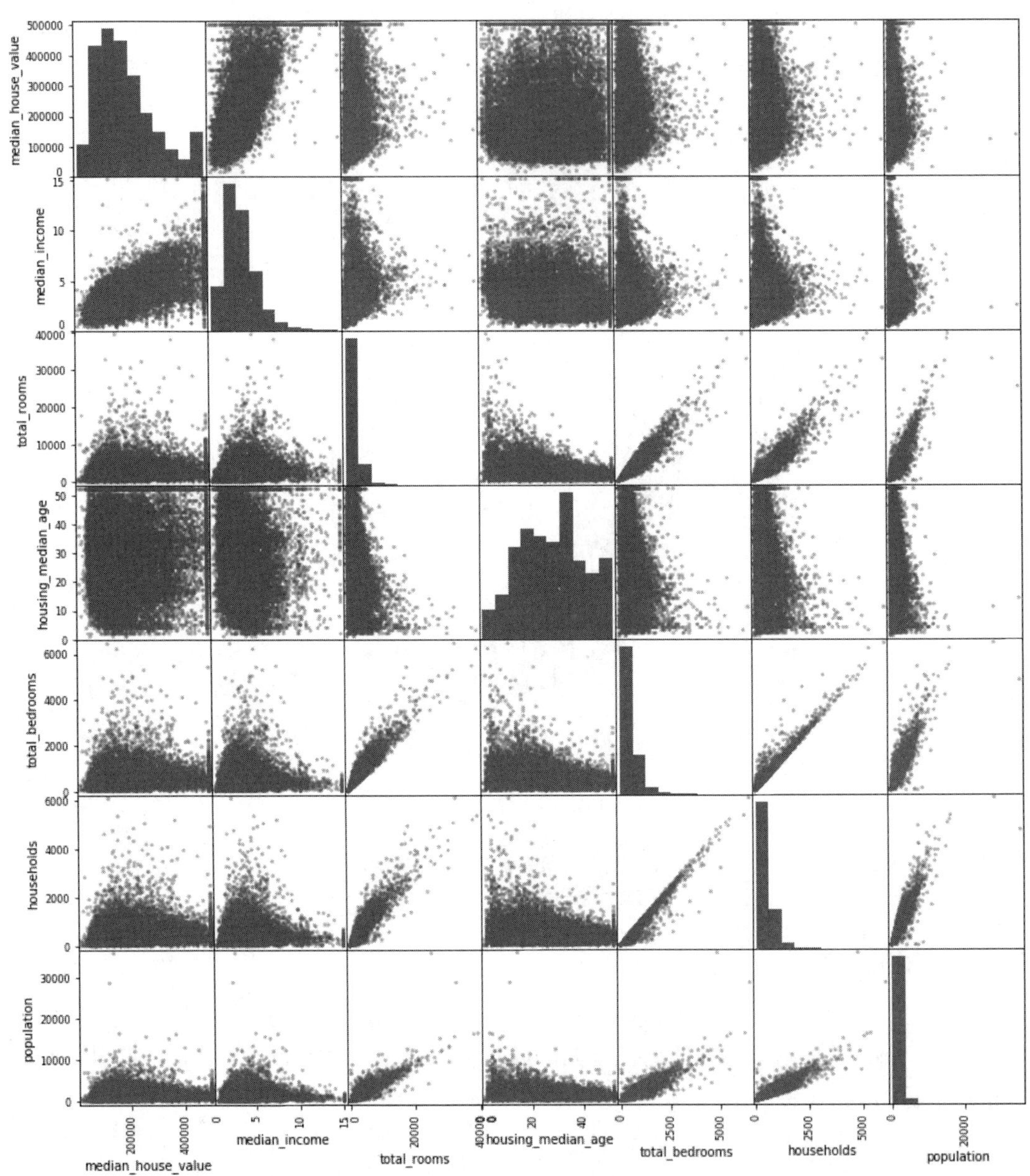

图 10-5　任意两个属性之间的散点图

图 10-5 对角线上的图形反映的是某一属性与其自身的关系，没有什么意义。

在房价中位数与房屋年龄之间的散点图中，点的分布几乎占满了整个区域，我们可以认为这两个属性之间没有相关性。

观察房价中位数与收入中位数之间的散点图，我们发现，图中所有的点似乎分布在某条直线的两侧，我们可以认为这两个属性之间有一定的相关性。

相关性最明显的是家庭数量与卧室总数，这两个属性之间的散点图几乎为直线。结合现实的情况，这种关系也很容易理解，因为每个家庭（房屋）都是需要若干卧室的。

10.2.3 相关系数

我们可以用 Pandas 提供的 corr 方法直接求出两个属性之间的相关系数，代码如下。

```
>>> corr_matrix = housing.corr()
>>> corr_matrix
```

相关系数越接近 1，表示两个属性之间的相关性越强；越接近 0，表示两个属性之间的相关性越弱。若出现负数，则表示两个属性之间的相关性是相反的。也就是说，一个属性的增加意味着另一个属性的减少。

房价中位数与收入中位数之间的相关系数为 0.688，超过了 0.5 说明二者相关性较强。

有了相关系数的矩阵，我们就可以从高到低列出所有与房价中位数相关的属性。在 sort_values 方法中传入参数 ascending=False，可以让数值按降序排列，代码如下。

```
>>> corr_matrix['median_house_value'].sort_values(ascending=False)
median_house_value    1.000000
median_income        0.688075
total_rooms          0.134153
housing_median_age    0.105623
households           0.065843
total_bedrooms        0.049686
population          -0.024650
longitude           -0.045967
latitude            -0.144160
Name: median_house_value, dtype: float64
```

我们注意到，与房价中位数相关性最强的是收入中位数，其次是房间总数，其他属性与房价中位数的相关性很低。

10.2.4 3 个新属性

除了外部提供数据，我们有时候也需要自己构造一些数据属性。例如，下面增加的 3 个属性。

rooms_per_household 表示平均每个家庭的房间数量。

```
>>> housing['rooms_per_household'] = housing.total_rooms / housing.households
```

bedrooms_to_rooms 表示卧室数量与房间数量的比值。

```
>>> housing['bedrooms_to_rooms'] = housing.total_rooms / housing.households
```

population_per_household 表示每个家庭的人口数。

```
>>> housing['population_per_household'] = housing.population / housing.
households
```

我们再次从高到低排列出所有与房价中位数相关的属性，代码如下。

```
>>> new_corr_matrix = housing.corr()
>>> new_corr_matrix['median_house_value'].sort_values(ascending = False)
median_house_value          1.000000
median_income               0.688075
rooms_per_household         0.151948
total_rooms                 0.134153
housing_median_age          0.105623
households                  0.065843
total_bedrooms              0.049686
population_per_household   -0.023737
population                 -0.024650
longitude                  -0.045967
latitude                   -0.144160
bedrooms_to_rooms          -0.255880
Name: median_house_value, dtype: float64
```

平均每个家庭的房间数量表现出比房间总数更强的相关性。卧室数量与房间数量的比值与房价中位数有一定的负相关性。看来，增加的 3 个属性也能帮助我们预测房价。

10.3 空值的处理

在编程语言中，我们通常将空值称为 NULL，将 Python 数据分析中的空值称为 NaN。机器学习算法假定数据是有效的，因此，在使用算法模型之前，一般需要处理好空值。

通过 info 方法可以查看各个属性非空值的数量，具体操作可参考 10.1.2 节的内容。该数据集共有 20640 条记录。total_bedrooms 字段中非空值的数量是 20433，与总数 20640 相比少了 207。这就说明 total_bedrooms 字段中有 207 个空值。

10.3.1 列出有 NaN 的行

下面我们来列出有 NaN 的行，代码如下。

```
>>> has_nan = housing[housing.isnull().any(axis = 1)]
>>> incomplete_rows = pd.DataFrame(has_nan)
>>> incomplete_rows.head()
```

通过 housing.isnull 可以得到布尔型矩阵。再调用 any(axis = 1)就可以得到一维的布尔型数组。在某一行中只要有一个 False，对应下标的值就会是 False。将布尔型数组作为下标，就可以把有 NaN 的行选出来。

10.3.2 处理 NaN

有三种方案可以处理 NaN。

方案一：丢弃有 NaN 的区域。

```
>>> incomplete_rows.dropna()
```

若在 incomplete_rows 中调用 dropna 后返回的是空集，则说明有 NaN 的行全部被丢弃了。

方案二：丢弃有 NaN 的属性。

```
>>> incomplete_rows.drop('total_bedrooms', axis = 1)
```

NaN 只在 total_bedrooms 列中出现，因此，我们只需要删除 total_bedrooms 属性。这里注意要传入 axis=1，表示列的删除。

执行上述代码后，total_bedrooms 列就被丢弃了。

以上两种方案都会丢掉不少数据，在现实中并不常用。

方案三：用中位数替换 NaN。中位数也称为中值，指数据按顺序排列好后处于中间位置的数。

Pandas 提供了求中位数的函数，我们在 total_bedrooms 下调用 median 函数就能求出 total_bedrooms 列的中位数。

```
>>> median = housing.total_bedrooms.median()
```

接下来，用 fillna 函数将求出的中位数替换 NaN。这里要注意将 inplace 参数设置为 True，表示替换是在本地发生的。如果不使用 inplace 参数，那么就要多赋值一次。

```
>>> incomplete_rows['total_bedrooms'].fillna(
...     median,
```

```
...     inplace = True
... )
>>> incomplete_rows.head()
```

完成替换后，再看 incomplete_rows 可以发现，原来 NaN 的位置全部被替换成了 435。

10.3.3 SimpleImputer 类

sklearn 提供了 SimpleImputer 类来专门处理空值。SimpleImputer 类的用法和 sklearn 中 Estimator 的用法相同，先构造对象，然后调用 fit 和 transform 方法。

我们在这里构造 SimpleImputer 对象，strategy 参数指定为 median，表示用中位数填充。

```
>>> from sklearn.impute import SimpleImputer
>>> imputer = SimpleImputer(strategy = 'median')
```

SimpleImputer 类的中位数策略只能用于数值型数据，原数据集中的 ocean_proximity 字段就不符合要求了。这里的代码会创建没有 ocean_proximity 的数据副本，我们把副本的变量名称取为 housing_num，代码如下。

```
>>> housing_num = housing.drop('ocean_proximity', axis = 1)
```

调用 fit 方法来适配 housing_num，代码如下。

```
>>> imputer.fit(housing_num)
```

适配以后，就可以用 transform 方法完成中位数的填充，代码如下。

```
>>> transformed = imputer.transform(housing_num)
>>> housing_transformed = pd.DataFrame(
...     transformed,
...     columns = housing_num.columns,
...     index = housing.index
... )
>>> housing_transformed.loc[incomplete_rows.index.values]
```

引入 DataFrame 是为了方便查看转换后的数据。在构造 DataFrame 对象时需要注意 SimpleImputer 对象 transform 以后的结果是 NumPy 数组，因此，在构造 DataFrame 对象时，要把原来的列名和索引传进去。

incomplete_rows.index.values 可以取出原来 NaN 所在的行，通过 loc 操作符可以只列出原来有 NaN 的行。

从输出结果可以看到 total_bedrooms 中的值都被替换成了 435。

10.4 文本属性与流式处理

机器学习算法一般只处理数值数据，对于文本数据，需要想办法将其转换成数值数据。另外，本节我们需要学习 sklearn 中的流式处理技术。有了流式处理，我们就可以将多个数据整合成一条流水线。

10.4.1 文本属性

数据集中 ocean_proximity 的内容是文本，其属性就是文本属性。我们来看 ocean_proximity 的分组统计结果，这里调用 Pandas 的 value_counts 方法，代码如下。

```
>>> housing.ocean_proximity.value_counts()
<1H OCEAN     9136                            #距离海边 1 小时以内车程
INLAND        6551                            #内陆，离海边较远
NEAR OCEAN    2658                            #在海边
NEAR BAY      2290                            #接近海湾
ISLAND           5                            #在岛屿上
Name: ocean_proximity, dtype: int64
```

10.4.2 OrdinalEncoder 转换器

我们从 sklearn.preprocessing 中导入 OrdinalEncoder 转换器，它可以很方便地将文本转换成数字，代码如下。

```
>>> from sklearn.preprocessing import OrdinalEncoder
>>> encoder = OrdinalEncoder()
>>> ocean_encoded = encoder.fit_transform(
...     housing[['ocean_proximity']] #注意使用双重方括号
... )
```

为了满足 fit_transform 方法对参数的要求，这里要注意使用双重方括号，以保证数据的维度为 2。

转换完成后，我们可以随机挑选 10 个数字看看效果。NumPy 的 choice 方法会随机地选出数组中的 10 个下标，代码如下。

```
>>> ocean_encoded[
...     np.random.choice(len(ocean_encoded), 10)
```

```
... ]
array([[0.],
       [1.],
       [1.],
       [1.],
       [4.],
       [0.],
       [0.],
       [1.],
       [1.],
       [1.]])
```

这里可以看到文本已经被对应地转换成数字了。

使用 OrdinalEncoder 转换器是很方便的，但在使用时，一定要注意 OrdinalEncoder 转换器中隐含着一个不易察觉的问题，即 0 和 4 之间的差别会比 1 和 2 之间的差别要大，机器学习算法也会这么认为。不过，我们的本意只是用不同的数字来区分不同的类别，机器学习算法的处理可能会有我们预想不到的结果。

10.4.3 OneHotEncoder 类

对于上述问题我们可以用独热编码来解决。在 sklearn 中，实现独热编码的类为 OneHotEncoder 类。其用法和 OrdinalEncoder 转换器的用法差不多。我们先构造 OneHotEncoder 对象，再调用 fit_transform 方法，代码如下。

```
>>> from sklearn.preprocessing import OneHotEncoder
>>> one_encoder = OneHotEncoder()
>>> ocean_one_hot = one_encoder.fit_transform(
...     housing[['ocean_proximity']]
... )
>>> ocean_one_hot[:10]

<10x5 sparse matrix of type '<class 'numpy.float64'>'
     with 10 stored elements in Compressed Sparse Row format>
```

上述代码显示，在查看数据时出了问题。由于这个矩阵是稀疏的，因此在存储时会有数据的压缩，导致数据不能被查看。

要调用 toarray 方法才能看到独热编码的内容。独热编码的“热”用 1 来表示，对应的“冷”用 0 来表示。所谓独热，指在表示每种类别时，只有一个二进制位会是 1，其他位都是 0。

```
>>> ocean_one_hot.toarray()
array([[0., 0., 0., 1., 0.],
       [0., 0., 0., 1., 0.],
       [0., 0., 0., 1., 0.],
       ...,
       [0., 1., 0., 0., 0.],
       [0., 1., 0., 0., 0.],
       [0., 1., 0., 0., 0.]])
```

10.4.4　流式处理

sklearn 中的流式处理技术可以将前期完成的任务整合起来。

前期我们在原数据集中添加了 3 个新的属性，当时是通过直接在 DataFrame 中添加属性来实现的。本节我们要将该任务封装成 sklearn 中的 Estimator。封装好的 Estimator 可以很好地整合到 sklearn 的流式处理中。

Estimator 的参数和返回值都使用 NumPy 数组，因此，我们在实现 Estimator 之前，需要将列名和相关列的下标保存起来，代码如下。

```
>>> columns = list(housing.columns)
>>> rooms_idx = columns.index('total_rooms')
>>> bedrooms_idx = columns.index('total_bedrooms')
>>> households_idx = columns.index('households')
>>> population_idx = columns.index('population')
```

我们把自定义转换器称为 AttributesAdder，让它继承 BaseEstimator 和 TransformerMixin。BaseEstimator 是 sklearn 中所有的 Estimator 都要继承的类。TransformerMixin 会提供 fit_transform 方法的实现。继承这两个类的 Estimator 只需要实现 fit 和 transform 方法就可以使用了，代码如下。

```
from sklearn.base import BaseEstimator, TransformerMixin
class AttributesAdder(BaseEstimator, TransformerMixin):
    def fit(self, X, y = None):
        return self
    def transform(self, X):
        rooms_per_household = X[:, rooms_idx] / X[:, households_idx]
        bedrooms_to_rooms = X[:, bedrooms_idx] / X[:, rooms_idx]
        population_per_household = X[:, population_idx] / X[:,
households_idx]
```

```
        return np.c_[
            X, rooms_per_household,
            bedrooms_to_rooms,
            population_per_household
        ]
```

fit 方法只需简单地返回 self。transform 方法要实现 3 个属性的计算，在方法结束时会返回添加了 3 个新列的 NumPy 数组。np.c_方法的作用就是将新的列添加到原数组中。

AttributesAdder 在使用时和 Estimator 无异。这里先构造对象，然后调用 transform 方法，代码如下。

```
>>> adder = AttributesAdder()
>>> housing_added = adder.transform(housing.values)
```

10.4.5 自定义 Pipeline

我们介绍过用 SimpleImputer 处理 NaN 的方法。通过 sklearn 的 Pipeline，可以将 NaN 处理与添加 3 个新属性的任务整合到一起。这里先将文本类型剔除后保存到 housing_num 变量中，代码如下。

```
>>> housing_num = housing.drop('ocean_proximity', axis = 1)
```

然后构造 Pipeline 对象，sklearn 要求在构造 Pipeline 对象时的参数为列表，列表由元组构成，代码如下。

```
from sklearn.pipeline import Pipeline
from sklearn.impute import SimpleImputer
from sklearn.preprocessing import StandardScaler
num_pipeline = Pipeline([
    ('imputer', SimpleImputer(strategy = 'median')),
    ('attr_adder', AttributesAdder()),
    ('scaler', StandardScaler())
])
```

每个元组的长度是 2，其中，第 0 个元素表示工位名称，第 1 个元素表示 Estimator 对象。

第 1 个位置上的元组如下。

```
('imputer', SimpleImputer(strategy = 'median')),
```

其中，“imputer”为工位名称，“SimpleImputer”为 Estimator 对象。

AttributesAdder 对象放在 Pipeline 的第 2 个位置。 第 3 个位置是 StandardScaler 对象，

这个对象可对数值进行标准缩放，减少异常数据对机器学习算法的影响。

构造好的 Pipeline 对象可以像 Estimator 一样使用。这里调用 fit_transform 方法处理数值型数据，代码如下。

```
>>> housing_num_tr = num_pipeline.fit_transform(housing_num)
```

10.4.6 ColumnTransformer

数字数据的处理已经由 Pipeline 对象解决。接下来，我们要用 ColumnTransformer 来同时处理文本属性和数值属性。

ColumnTransformer 参数是由元组构成的列表。不过，其元组长度为 3。元组中第 0 个元素是名称，第 1 个元素是 Estimator 对象，第 2 个元素用来指定需要的列名。ColumnTransformer 的含义是按列转换，数值型的列由前面已经构造好的 Pipeline 对象来完成；文本型属性 ocean_proximity 就由 OneHotEncoder 类来处理。

```
from sklearn.compose import ColumnTransformer
transformer = ColumnTransformer([
    ('num', num_pipeline, list(housing_num)),
    ('text', OneHotEncoder(), ['ocean_proximity'])
])
```

ColumnTransformer 对象也可以像 Estimator 对象一样使用。housing_prepared 中存放的就是处理好的结果，即

```
>>> housing_prepared = transformer.fit_transform(housing)
```

10.5 模型选择

预测可以用多种机器学习算法来进行。不同算法的预测效果是不一样的，我们需要评估这些算法，并从中选出最佳的算法。

10.5.1 分离标签

房价中位数 median_house_value 是我们要预测的目标。在机器学习的术语中，目标值也称为标签，在使用时需要将其单独分离出来。

```
>>> housing_labels = housing.median_house_value.copy()
```

```
>>> housing = housing.drop('median_house_value', axis = 1)
```

这里将 median_house_value 进行复制后保存到 housing_labels 变量中。同时，我们要在 housing 数据集中删除 median_house_value 列。

10.5.2 数值处理 Pipeline

为方便处理，这里我们自定义添加 3 个新属性的转换器，代码如下。

```
>>> columns = list(housing.columns)
>>> rooms_idx = columns.index('total_rooms')
>>> bedrooms_idx = columns.index('total_bedrooms')
>>> households_idx = columns.index('households')
>>> population_idx = columns.index('population')
```

先把文本属性去掉，代码如下。

```
>>> housing_num = housing.drop('ocean_proximity', axis = 1)
```

然后定义 num_pipeline 来处理数值属性，代码如下。

```
>>> from sklearn.pipeline import Pipeline
>>> from sklearn.impute import SimpleImputer
>>> from sklearn.preprocessing import StandardScaler
>>> num_pipeline = Pipeline([
...     ('imputer', SimpleImputer(strategy = 'median')),
...     ('attr_adder', AttributesAdder()),
...     ('scaler', StandardScaler())
... ])
```

最后用 ColumnTransformer 来同时处理文本属性和数值属性，代码如下。

```
>>> from sklearn.compose import ColumnTransformer
>>> from sklearn.preprocessing import OneHotEncoder
>>> transformer = ColumnTransformer([
...     ('num', num_pipeline, list(housing_num)),
...     ('text', OneHotEncoder(), ['ocean_proximity'])
... ])
```

处理完成后就可以用机器学习算法来进行训练了，代码如下。

```
>>> housing_prepared = transformer.fit_transform(housing)
>>> housing_prepared.shape
(20640, 16)
```

10.5.3　线性回归

我们用最常见的线性模型构造 LinearRegression 对象，代码如下。

```
>>> from sklearn.linear_model import LinearRegression
>>> lin_reg = LinearRegression()
```

导入 cross_val_score 来衡量不同模型的得分。cross_val_score 会将训练集分成若干份，每次让其中一份作为测试集，其余的作为训练集，以此来评估模型的好坏。

```
>>> from sklearn.model_selection import cross_val_score
>>> lin_scores = cross_val_score(
...     lin_reg,                              #用于评估的模型
...     housing_prepared,                     #去除了目标值的数据集
...     housing_labels,                       #目标值
...     scoring='neg_mean_squared_error',     #评估模型的方法
...     cv=10                                 #评估 10 次
... )
```

为什么不用均方误差 mean_squared_error 而用 neg，也就是取负呢？原因是当用 mean_squared_error 来评估模型时，值越小，模型越好。但是 cross_val_score 方法却约定分数越大，模型越好。因此，我们需要取均方误差的负值作为待评估模型的分数。

cross_val_scores 方法得到的分数都是负均方误差。为了衡量误差与真实房价之间的距离，我们需要对调用 cross_val_scores 方法后得到的分数先取负值，再开根号。代码如下。

```
>>> lin_rmse_scores = np.sqrt(-lin_scores)
>>> lin_rmse_scores.mean(), lin_rmse_scores.std()
(71888.65149074617, 13247.67185583078)
```

这里得到的 lin_rmse_scores 的结果是正的，并且它的值有现实的含义。它表示模型预测值与真实值之间的距离。

执行代码后，平均值约为 71889，表示模型预测的结果与真实房价中位数之差的平均值约为 71888；标准差约为 13248。

10.5.4　决策树

接下来，我们用决策树模型做同样的计算。这里先构造 DecisionTreeRegressor 对象。cross_val_score 的第 1 个参数是构造好的决策树对象，其余的参数与线性回归模型中的参数是一样的。

```
>>> from sklearn.tree import DecisionTreeRegressor
```

```
>>> tree_reg = DecisionTreeRegressor()
>>> tree_scores = cross_val_score(
...     tree_reg, housing_prepared, housing_labels,
...     scoring = 'neg_mean_squared_error', cv = 10
... )
```

然后计算平均值和标准差，代码如下。

```
>>> tree_rmse_scores = np.sqrt(-tree_scores)
>>> tree_rmse_scores.mean(), tree_rmse_scores.std()
(85169.1691263708, 14793.507533404423)
```

我们发现，无论是平均值，还是标准差，决策树的结果都比线性回归的结果要大一些。可见，在房价预测问题上，决策树模型的效果不如线性回归模型的效果好。

10.5.5 随机森林

用随机森林也可以做相同的计算。这里先构造 RandomForestRegressor 对象，让 cross_val_score 的第 1 个参数为构造好的随机森林对象，其余参数保持不变。

```
>>> from sklearn.ensemble import RandomForestRegressor
>>> forest_reg = RandomForestRegressor()
... forest_scores = cross_val_score(
...     forest_reg, housing_prepared, housing_labels,
...     scoring = 'neg_mean_squared_error', cv = 10
... )
```

然后计算平均值和标准差。平均值和标准差的计算需要耗费较长时间，代码如下。

```
>>> forest_rmse_scores = np.sqrt(-forest_scores)
>>> forest_rmse_scores.mean(), forest_rmse_scores.std()
(63732.5507821377, 15308.192771717988)
```

最终算出来的平均值约为 63733，比线性回归模型少了八千多元，随机森林的效果比线性回归模型和决策树模型的效果要好。不过，其标准差比线性回归模型计算出的标准差要大一些，这说明其预测值的波动范围要大一些。

10.5.6 模型微调

随机森林算法的参数较多，前面的代码其实是使用了默认的参数值。要找出最佳的参数，我们还需要用 GridSearchCV 类来搜索。构造出需要搜索的参数的字典，代码如下。

```
>>> from sklearn.model_selection import GridSearchCV
>>> params = {
...     'n_estimators': [3, 10, 30],
...     'max_features': [2, 4, 6, 8],
...     'bootstrap': [True, False]
... }
>>> forest_reg = RandomForestRegressor()
>>> grid_search = GridSearchCV(
...     forest_reg, params, cv = 5,
...     scoring = 'neg_mean_squared_error'
... )
>>> grid_search.fit(housing_prepared, housing_labels)
```

10.5.7 最佳参数模型

GridSearchCV 类会把找到的最佳结果保存在 best_estimator_ 属性中。计算在最佳参数下的 RandomForestRegressor 得分的平均值与标准差，代码如下。

```
>>> final_model = grid_search.best_estimator_
>>> final_scores = cross_val_score(
...     final_model, housing_prepared, housing_labels,
...     scoring = 'neg_mean_squared_error', cv = 10
... )
>>> final_rmse_scores = np.sqrt(-final_scores)
>>> final_rmse_scores.mean(), final_rmse_scores.std()
(63597.57359400365, 14425.556793307544)
```

可以看到，平均值比使用默认的 RandomForestRegressor 得到的平均值要好一点，但差距不大。标准差提升了不少。因此，使用了最佳参数的模型效果是最好的。

第 11 章 手写数字识别

手写数字识别是让计算机学习识别手写的数字符号，这是一个分类问题。本章会完成一个手写数字识别的项目，共 5 部分。学习的重点是分类器的使用与评估。

本章内容包括：

- MNIST 数据集
- 精度与召回率
- 阈值分类器
- ROC 曲线
- 多类分类器

11.1 MNIST 数据集

本节我们将介绍 MNIST 数据集，并学习使用分类器。

11.1.1 下载数据集

手写数字识别的原始数据集来自 openml.org 网站。openml.org 是一个开放的机器学习网站，里面有各种与机器学习相关的数据集。同时该网站支持上传自己的数据集。

我们要用到的数据集为“mnist_784”，用 sklearn 的 fetch_openml 方法就能将其下载到本地，代码如下。

```
>>> from sklearn.datasets import fetch_openml
>>> mnist = fetch_openml('mnist_784', version = 1)
```

11.1.2 查看数据集

MNIST 数据集的 data 字段存放的是数据，target 字段存放的是目标值。我们将它们分

别保存到变量 X 和 y 中，代码如下。

```
>>> X, y = mnist['data'].values, mnist['target'].values
>>> X.shape, y.shape
((70000, 784), (70000,))
```

这里要注意 X 是大写的，表示这是一个多维的数组；而 y 是小写的，表示目标值只有一维。

我们可以通过 shape 来查看 X 和 y 的维度。y 的维度为 70000，说明该数据集共有 70000 组数据。X 的第二个维度为 784，这是因为 X 中的每个元素其实是一个手写数字的图像，长和宽都是 28 像素。28 乘 28 的结果正好是 784。

11.1.3　绘制数字图像

plot_digit 函数可以在 Jupyter Notebook 上绘制出单个手写数字的图像。它的参数是图像的原始数据。

```
import matplotlib.pyplot as plt
def plot_digit(data):
    image = data.reshape(28, 28)
    plt.imshow(
        image,
        cmap = 'binary',                    #只用黑白两种颜色
        interpolation = 'spline36'          #使用样条插值函数
    )
    plt.axis('off')                         #关闭坐标轴
```

我们用 plot_digit 函数来显示一个数字，如图 11-1 所示。传入第 0 个数字的代码如下。

```
>>> plot_digit(X[0])
```

图 11-1　显示一个数字

图 11-1 中的手写数字看着像 5，但有可能是 3，我们不能确定。

y[0]中的值就是 X[0]这个图像的真实值，我们执行如下代码进行查看。

```
>>> y[0]
'5'
```

由上述代码可知图 11-5 中的手写数字是 5。不过，我们可以看到 Jupyter Notebook 输出的 5 是带引号的，这说明 Python 中对应的数据类型是字符串。

为了后面处理方便，我们需要将字符串转换成数值。NumPy 中的数据可用 astype 直接转换。这里我们先把 y 转换成 np.uint8，再将其赋值给 y。后面当我们再访问 y 数组中的元素时，得到的就是数值型数据。

```
>>> import numpy as np
>>> y = y.astype(np.uint8)
>>> y[0]
5
```

访问 y[0]，得到了没有引号的数字 5。

11.1.4　不易辨认的数字图像

有些手写的数字并不容易分辨。例如，下标为 7080 的手写数字的代码如下。

```
>>> plot_digit(X[7080])
```

下标为 7080 的手写数字图像如图 11-2 所示。

图 11-2　下标为 7080 的手写数字图像

图 11-2 所示的数字看着很像 5。y[7080]的输出如下。

```
>>> y[7080]
3
```

我们发现该数字是 3。

下标为 132 的手写数字图像如图 11-3 所示，其代码如下。

```
>>> plot_digit(X[132])
```

图 11-3 下标为 132 的手写数字图像

图 11-3 所示的数字是 3 吗？

```
>>> y[132]
5
```

根据输出可知，该数字是 5。

手写的数字人可能会认错。如果让机器来识别，会不会出错呢？

11.1.5 识别数字 5 的分类器

我们用 SGDClassifier 建立一个识别数字 5 的分类器。SGDClassifier 的含义是随机梯度下降分类器，这是一个比较常用的、性能也很不错的分类器。我们希望该分类器能够判断出手写数字是不是 5。这里需要特别注意，我们并没有要识别出所有的 10 个数字。这种结果只有两种可能的问题称为二类分类问题。

```
>>> from sklearn.linear_model import SGDClassifier
>>> sgd_clf = SGDClassifier(random_state = 42)
>>> sgd_clf.fit(X, y == 5)
```

其中，fit 函数的第 2 个参数我们使用了表达式 y==5，该表达式的结果是一个布尔型数组。y 值为 5 的位置会是 True，不为 5 的位置会是 False。

接下来我们运用该分类器预测 X[0]，代码如下。

```
>>> sgd_clf.predict([X[0]])
array([ True])
```

结果为 True，机器识别正确。

运用该分类器预测 X[7080]的代码如下。

```
>>> sgd_clf.predict([X[7080]])
array([ True])
```

结果为 True，说明机器和人一样，把数字 3 认成了 5。

运用该分类器预测 X[132]的代码如下。

```
>>> sgd_clf.predict([X[132]])
array([False])
```

结果为 False，机器再次没有把很像 3 的 5 识别出来。

11.2 精度与召回率

本节我们将学习两个重要的指标：精度和召回率。

11.2.1 类型转换

加载数据集的代码与 11.1 节相同。由于原始 y 值为字符串，因此我们需要将它转换成 np.uint8，代码如下。

```
>>> y = y.astype(np.uint8)
>>> X.shape, y.shape
((70000, 784), (70000,))
```

11.2.2 二类分类器

构造二类分类器的代码如下。

```
>>> from sklearn.linear_model import SGDClassifier
>>> sgd_clf = SGDClassifier(random_state = 42)
>>> y5 = y == 5
>>> sgd_clf.fit(X, y5)
```

为了方便，上述代码定义了布尔型数组 y5。y 值为 5，相应的 y5 的值会是 True；y 值不为 5，相应的 y5 的值会是 False。这里，我们让模型去适配 X 和 y5。

用 cross_val_score 来衡量刚才构建好的模型的准确率，代码如下。

```
>>> from sklearn.model_selection import cross_val_score
>>> cross_val_score(sgd_clf, X, y5, cv = 3, scoring = 'accuracy')
array([0.96794377, 0.94797069, 0.96194231])
```

scoring='accuracy'表示以预测的准确率为分数。执行代码后，从输出来看模型预测的准确率在 95%左右。对机器学习来说，95%的准确率是相当好的结果了。但在这个分类问题中，95%的准确率却并不值得高兴。甚至可以说，拥有 95%的准确率的模型，并不见得是一个好模型。为什么会这样呢？

11.2.3 非 5 分类器

准确率并不能很好地衡量分类器的好坏。为了说明这个问题，我们来实现 NeverFiveClassifier。这是一个仅预测为 False 的分类器，代码如下。

```
from sklearn.base import BaseEstimator
class NeverFiveClassifier(BaseEstimator):
    def fit(self, X, y = None):
        return self
    def predict(self, X):
        return np.zeros((len(X), 1), dtype = bool)
```

predict 函数返回的是 np.zeros 的结果。np.zeros 会生成全为 0 的数组，指定 dtype=bool 后，得到全为 Flase 的数组。

从上述代码来看，NeverFiveClassifier 是一个古怪又没用的分类器。不过，我们依旧用 cross_val_score 来计算分数，代码如下。

```
>>> never5_clf = NeverFiveClassifier()
>>> cross_val_score(
...     never5_clf,
...     X, y5, cv = 3,
...     scoring = 'accuracy'
... )
array([0.91137396, 0.9087987 , 0.90927013])
```

从执行结果来看，这个没用的分类器的准确率也达到了 90%。我们仔细思考一下为什么会这样。

手写数字共 10 个，在 MNIST 数据集中各个数字出现的概率是相同的。因此，一个把数字认定为“不是 5”的判断，其准确率就可以达到 90%。

这个现象告诉我们，在数据分布不均的情况下，是不能用准确率来衡量分类器的好坏的，还需要用其他的指标来衡量分类器的好坏。

11.2.4 混淆矩阵

获取 SGDClassifier 的预测结果的代码如下。

```
>>> from sklearn.model_selection import cross_val_predict
>>> y5_predict = cross_val_predict(sgd_clf, X, y5, cv = 3)
```

这里我们用 cross_val_predict 来预测结果。预测的结果保存在 y5_predict 变量中。

有了真实值 y5 和模型的预测值 y5_predict，我们就可以用 confusion_matrix 来计算模型的混淆矩阵，代码如下。

```
>>> from sklearn.metrics import confusion_matrix
>>> confusion_matrix(y5, y5_predict)
array([[61910,  1777],
       [ 1073,  5240]])
```

混淆矩阵的输出就是上述这些数。为了清楚这些数的含义，我们可以对照图 11-4 来看。

		预测值	
		FALSE	TRUE
真实值	FALSE	TN	FP
	TRUE	FN	TP

图 11-4 混淆矩阵

在识别某个手写数字是不是数字 5 时，可能会出现以下 4 种情形。

（1）True Negative（TN）。

数字原来不是 5，识别出来也不是 5。True Negative 中的 True 表示这个判断是正确的，Negative 表示这是一个否定命题。

（2）False Positive（FP）。

数字原来不是 5，被识别成 5。

（3）False Negative（FN）。

数字原来是 5，被识别成不是 5。

（4）True Positive（TP）。

数字原来是 5，也被识别成 5。

混淆矩阵本身很容易混淆，要记清楚每种情形及其相应的符号。混淆矩阵是分类问题中非常重要的一个概念，后续会有其他概念依赖于混淆矩阵。

对照混淆矩阵，我们再来看上述代码中的数，这些数的含义就是：有 1777 个不是 5 的图像被当成了 5；有 5240 个 5 被模型正确地识别出来了；有 1073 个 5 被模型认成了不是 5；还有 61910 个不是 5 的图像被正确地当作不是 5 来对待。

11.2.5 计算精度与召回率

有了混淆矩阵，我们就可以来定义精度和召回率了。

精度的定义如下。

$$\text{Precision} = \frac{\text{TP}}{\text{TP} + \text{FP}}$$

通俗地说，精度就是在所有被认出来是 5 的数字当中，真正是 5 的数字所占的比率。

召回率的定义如下。

$$\text{Recall} = \frac{\text{TP}}{\text{TP} + \text{FN}}$$

通俗地说，召回率就是在所有真正是 5 的数字当中，被正确地认出来的数字所占的比率。

在 sklearn 中可以用 precision_score 来计算精度，用 recall_score 来计算召回率，代码如下。

```
>>> from sklearn.metrics import precision_score, recall_score
>>> precision_score(y5, y5_predict), recall_score(y5, y5_predict)
(0.7467578737352145, 0.8300332646919056)
```

看来，我们的模型的精度为 75%左右，召回率为 83%左右。

11.2.6 F1 分数

在实践中，使用两个指标不是很方便。F1 分数结合了精度与召回率两个指标，是实践中比较常用的评价指标。F1 分数的计算公式为

$$\text{F1} = \frac{2\text{PR}}{\text{P} + \text{R}}$$

式中，P 表示精度（Precision），R 表示召回率（Recall）。

在 sklearn 中可以用 f1_score 函数来计算 F1 分数，代码如下。

```
>>> from sklearn.metrics import f1_score
>>> f1_score(y5, y5_predict)
0.7861965491372844
```

这里我们算出来，随机梯度下降算法的 F1 分数为 0.79 左右。

11.3 阈值分类器

本节我们将学习使用精度或召回率的阈值来构造分类器，并进一步探讨精度与召回率之间的关系。

11.3.1 分类器评分

构造二类分类器的代码同 11.2.2 节。

```
>>> from sklearn.linear_model import SGDClassifier
>>> sgd_clf = SGDClassifier(random_state = 42)
>>> y5 = y == 5
>>> sgd_clf.fit(X, y5)
```

在 sklearn 中获取分类器评分的方法如下。

```
>>> digit0 = X[0]
>>> scores1 = sgd_clf.decision_function([digit0])
>>> scores1
array([613.11945777])
```

我们把第 0 个图像赋值给 digit0。decision_function 方法会返回计算时的原始分数。

当把 digit0 作为参数时，要注意添加中括号，增加维度。digit0 的分数保存在 scores1 中。scores1 的分数为 613 左右。

用同样的操作，我们把下标为 7080 的手写数字图像记为 digit1，代码如下。

```
>>> digit1 = X[7080]
>>> scores2 = sgd_clf.decision_function([digit1])
>>> scores2
array([3485.15426068])
```

digit1 的分数保存在 scores2 中。scores2 的分数为 3485 左右。

11.3.2 阈值的用法

定义变量 threshold=0，表示以 0 为阈值。阈值是我们选定的某个值。

我们约定：如果模型计算的分数大于阈值，那就预测该图像中的数字是 5，也就是 True；如果模型计算的分数小于或等于阈值，那么该图像中的数字就不是 5。

```
>>> threshold = 0
>>> scores1 > threshold, scores2 > threshold
(array([ True]), array([ True]))
```

上述代码表示，在阈值为 0 的前提下，两个表达式的结果都是 True。或者说，这两个图像都被预测为 5。

如果把阈值设置为 2000，结果就不一样了。

```
>>> threshold = 2000
>>> scores1 > threshold, scores2 > threshold
(array([False]), array([ True]))
```

也就是说，模型认为 digit0 不是 5，而 digit1 是 5。

阈值其实是我们指定的分界点。为了进一步研究阈值，我们需要先获取数据集中所有实例的分数，代码如下。

```
>>> from sklearn.model_selection import cross_val_predict
>>> y_scores = cross_val_predict(
...     sgd_clf,
...     X, y5,
...     cv = 3,
...     method='decision_function' #返回实例的分数
... )
```

这些分数会被保存在 y_scores 变量中。

11.3.3 计算精度与召回率

sklearn 提供了 precision_recall_curve 函数，该函数可用来绘制精度与召回率的曲线。代码如下。

```
>>> from sklearn.metrics import precision_recall_curve
>>> precisions, recalls, thresholds = precision_recall_curve(y5,
y_scores)
```

precision_recall_curve 返回的结果有 3 个，分别是精度 precisions、召回率 recalls 和阈值 thresholds。curve 这个单词的含义是曲线，precision_recall_curve 本身并不会绘制曲线，但在它的返回值中，给出了绘制曲线所需的数据。

注意，precisions 是数组，precisions[0]表示以 y_scores[0]作为阈值算出来的精度。

同样的道理，recalls[*i*]表示以 y_scores[*i*]作为阈值算出来的召回率。

有了这些数据，我们就可以绘制精度与召回率相对于阈值的曲线了，代码如下。

```
>>> plt.plot(
...     thresholds,                              #横轴
...     precisions[:-1],                         #纵轴
...     'b--', label = 'Precision'
... )
>>> plt.plot(
...     thresholds,
```

```
...     recalls[:-1],
...     'g-', label = 'Recall'
... )
>>> plt.legend(loc = 'center right')
>>> plt.xlabel('Threshold')
>>> plt.axis([-50000, 50000, 0, 1])
>>> plt.grid(True)
>>> plt.show()
```

代码中有-1，是为了和 thresholds 对应起来。在 precision_recall_curve 返回的结果中，precisions 和 recalls 的长度是一样的，但它们都比 thresholds 的长度多了 1。因此，这里要把 precisions 中的最后一个元素去掉。

精度与召回率相对于阈值的曲线如图 11-5 所示。

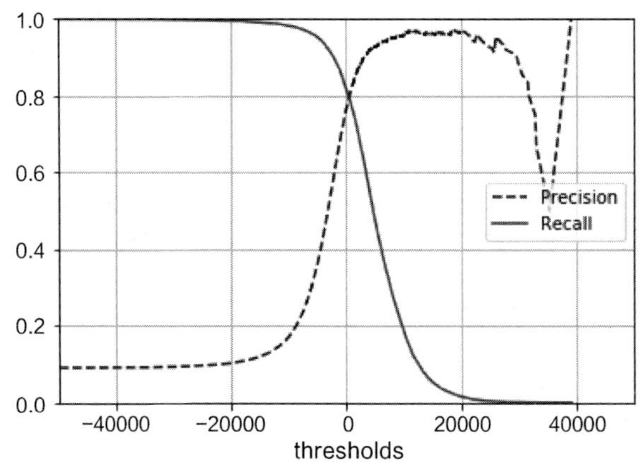

图11-5

图 11-5　精度与召回率相对于阈值的曲线

先来看召回率曲线。当阈值很低的时候，所有的图像都被认作是 5，召回率是 1，也就是 100%。随着阈值的增加，从中间位置开始，召回率急剧降低，说明有越来越多的图像被认作不是 5。最后，当阈值进一步增加后，召回率接近于 0。这时，几乎所有图像都被认作不是 5。

再来看精度曲线。无论阈值多小，精度也能有 10%左右，这 10%是把所有图像都认作是 5，其中真正是 5 的图像所占的比例。随着阈值的增加，精度也会增加。不过，精度有可能会随着阈值的增加而突然降低。但总体来说，精度会随着阈值的增加而增加。

精度和召回率随着阈值的增加，会沿着相反的方向变化。我们在使用分类器时，就需要在精度和召回率之间权衡。

接下来，我们直接以召回率为横坐标，以精度为纵坐标，观察二者的变化趋势，代码如下。

```
>>> plt.plot(recalls, precisions, 'b-', linewidth = 2)
```

```
>>> plt.xlabel('Recall')
>>> plt.ylabel('Precision')
>>> plt.axis([0, 1, 0 ,1])
>>> plt.grid(True)
>>> plt.show()
```

精度与召回率之间的变化趋势如图 11-6 所示。

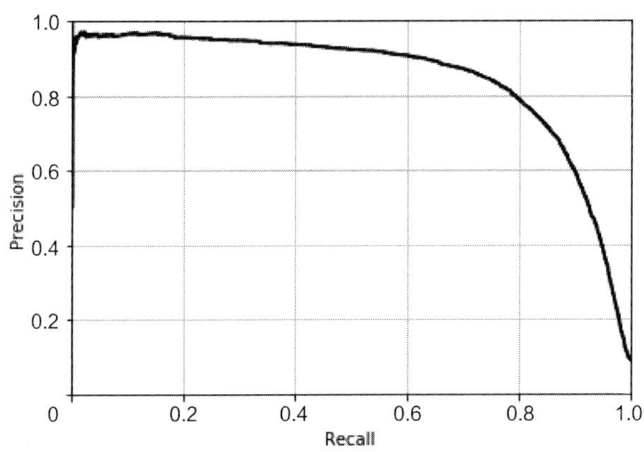

图 11-6　精度与召回率之间的变化趋势

由于精度和召回率的大小都在 0 到 1 之间，因此我们可依此限定横坐标与纵坐标的取值范围。从图 11-6 中可以看到，随着召回率的增加，精度呈下降趋势。可见，精度和召回率是不可兼得的。

11.3.4　90%精度的分类器

在实践中，有时需要指定精度。例如，要求实现一个精度为 90%的分类器，我们可以运行以下代码。

```
first_idx = np.argmax(precisions >= 0.9)
>>> threshold_90_precision = thresholds[first_idx]
>>> y_pred_90 = (y_scores >= threshold_90_precision)
```

先用 NumPy 中的 argmax 方法找出精度大于或等于 0.9 的第一个下标。这时 threshold_90_precision 中存放的就是能够提供 90%精度的最低阈值。表达式 y_scores>= threshold_90_precision 就是精度为 90%的预测结果。

我们通过以下代码来验证一下 y_pred_90 的精度和召回率。

```
>>> from sklearn.metrics import precision_score, recall_score
>>> precision_score(y5, y_pred_90), recall_score(y5, y_pred_90)
(0.9000455373406193, 0.6261682242990654)
```

可以看到，精度正好在 0.9 左右，此时的召回率是 0.63 左右。

11.4 ROC 曲线

本节我们将学习另一种经常与二类分类器一起使用的工具，即受试者工作特征曲线，也称为 ROC 曲线。

与 11.3 节相同，数据集中所有实例的分数会保存在 y_scores 中。

11.4.1 TPR 与 FPR

ROC 曲线反映了真正类率 TPR 与假正类率 FPR 之间的关系。

这里先来回顾一下混淆矩阵示意图（见图 11-7），留意图中各单元格的含义。

		预测值	
		FALSE	TRUE
真实值	FALSE	TN	FP
	TRUE	FN	TP

图 11-7 混淆矩阵示意图

真正类率的定义为

$$\text{TPR} = \frac{\text{TP}}{\text{TP} + \text{FN}}$$

真正类率其实就是召回率，这里只不过换了一个名字。其含义是，在真正是 5 的图像中，能被正确认出的图像所占的比例。

假正类率的定义为

$$\text{FPR} = \frac{\text{FP}}{\text{TN} + \text{FP}}$$

它的含义是在真正不是 5 的图像中，被错认成 5 的图像所占的比例。

有了 y5 和 y_scores，调用 sklearn 的 roc_curve，就可以得到 fpr、tpr 和阈值 thresholds，代码如下。

```
>>> from sklearn.metrics import roc_curve
>>> fpr, tpr, thresholds = roc_curve(y5, y_scores)
```

11.4.2 绘制 ROC 曲线

绘制 ROC 曲线非常简单。以 FPR 为横坐标，以 TPR 为纵坐标，绘制 ROC 曲线的代码如下。

```
>>> plt.plot(fpr, tpr, 'b-')
>>> plt.plot([0, 1], [0, 1], 'k--')
>>> plt.xlabel('FPR')
>>> plt.ylabel('TPR')
>>> plt.grid(True)
>>> plt.show()
```

ROC 曲线如图 11-8 所示。

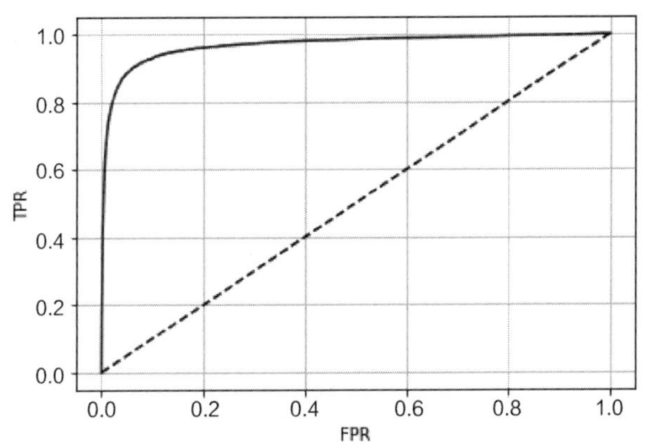

图11-8

图 11-8　ROC 曲线

图中虚线表示 FPR 与 TPR 相等的情形。其含义是把真的认成假的的比率与把假的认成真的的比率是相同的。这相当于随便分割。

ROC 曲线距离随便分割的虚线越远，就意味着对应的模型越好。

11.4.3　ROC 曲线下的面积

为了方便衡量 ROC 曲线的好坏，一般以 ROC 曲线下的面积大小作为参考指标。随便分割虚线下的面积是 0.5。最完美的 ROC 曲线下的面积是 1。

我们在这里用 roc_auc_score 函数算出图 11-8 所示曲线下的面积，代码如下。

```
>>> from sklearn.metrics import roc_auc_score
>>> roc_auc_score(y5, y_scores)
0.966907458229373
```

这个模型的 ROC 曲线下的面积为 0.97 左右。

11.4.4　RandomForestClassifier

接下来，我们要训练一个随机森林分类器，并画出 ROC 曲线。

首先，构造一个随机森林分类器，n_estimators 指定为 100，代码如下。

```
>>> from sklearn.ensemble import RandomForestClassifier
>>> forest_clf = RandomForestClassifier(
...     n_estimators = 100,
...     random_state = 42
... )
```

然后，用 cross_val_predict 来获得随机森林预测的分数，代码如下。

```
>>> y_forest_probas = cross_val_predict(
...     forest_clf,
...     X, y5, cv = 3,
...     method = 'predict_proba'
... )
```

这里的参数 method 只能设置为 predict_proba，因为在随机森林算法中只能获得预测的概率值。

计算出的结果中针对每个图像都会给出预测为真的概率和预测为假的概率。我们只关心预测为真的概率。通过下标运算，取预测为真的概率作为分数，代码如下。

```
>>> y_forest_scores = y_forest_probas[:, 1]
>>> fpr_forest, tpr_forest, thresholds_forest = roc_curve(
...     y5, y_forest_scores
... )
```

11.4.5 比较 ROC 曲线

为方便对比，我们把两个不同模型的 ROC 曲线画到一起，代码如下。

```
>>> plt.plot(
...     fpr, tpr, 'b:',
...     linewidth = 2,
...     label = 'SGDClassifier'
... )
>>> plt.plot(
...     fpr_forest, tpr_forest,
...     'g-', linewidth = 2,
...     label = 'RandomForestClassifier'
... )
>>> plt.plot([0, 1], [0, 1], 'k--')
```

```
>>> plt.xlabel('FPR')
>>> plt.ylabel("TPR")
>>> plt.legend(loc = 'lower right')
>>> plt.grid(True)
>>> plt.show()
```

两个模型的 ROC 曲线如图 11-9 所示。

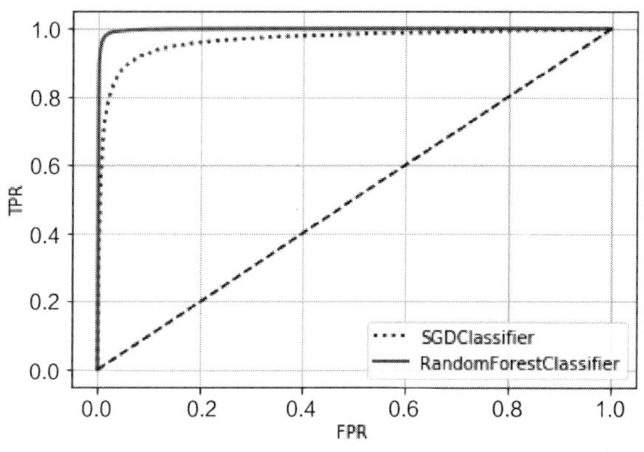

图11-9

图 11-9　两个模型的 ROC 曲线

图 11-9 中的实线，即随机森林的 ROC 曲线下方的面积会更大一些，也就是说，随机森林的模型会更好。

计算随机森林的 ROC 曲线下的面积的代码如下。

```
>>> roc_auc_score(y5, y_forest_scores)
0.9984103571375105
```

结果是 1.00 左右，比原来的模型好了不少。

11.4.6　比较精度与召回率

我们再来比较一下两个模型的精度及召回率。

SGDClassifier 的精度与召回率的计算如下。

```
>>> from sklearn.metrics import precision_score, recall_score
>>> sgd_predict = cross_val_predict(sgd_clf, X, y5, cv = 3)
>>> precision_score(y5, sgd_predict)
0.7467578737352145
>>> recall_score(y5, sgd_predict)
0.8300332646919056
```

RandomForestClassifier 的精度与召回率的计算如下。

```
>>> forest_predict = cross_val_predict(
...     forest_clf,
...     X, y5,
...     cv = 3
... )
>>> precision_score(y5, forest_predict)
0.9909926139434336
>>> recall_score(y5, forest_predict)
0.8713765246317123
```

两个指标都是随机森林的更好，这与 ROC 曲线下的面积大小比较的结果是一致的。

11.4.7 比较 F1 分数

最后比较 SGDClassifier 与 RandomForestClassifier 的 F1 分数，代码如下。

```
>>> from sklearn.metrics import f1_score
>>> f1_score(y5, sgd_predict)
0.7861965491372844
>>> f1_score(y5, forest_predict)
0.9273432231962239
```

结论是 RandomForestClassifier 的 F1 分数更高。

11.5 多类分类器

本节我们将学习多类分类器，也就是标签有多个值的分类器。多类分类器可以通过组合二类分类器来生成，不过也有的算法本身就支持多类分类。有了多类分类器，我们就能够识别所有的 10 个数字。

11.5.1 训练集与测试集

在应用机器学习模型时，我们一般会将数据集分成训练集与测试集。sklearn 提供了 train_test_split 来分割数据集，代码如下。

```
>>> from sklearn.model_selection import train_test_split
>>> X_train, X_test, y_train, y_test = train_test_split(
```

```
...     X, y,
...     test_size = 0.3,                          #30%的数据分给测试集
...     random_state = 42,
...     stratify = y                              # 分层抽样
... )
```

分层抽样是为了保证在训练集和测试集中，每个数字所占的比例与在原始数据集中各个数字所占的比例是一致的。

train_test_split 返回的结果分为以下 4 个部分。

- X_train：训练集中的 *X* 变量部分。
- X_test：测试集中的 *X* 变量部分。
- y_train：训练集数据的标签。
- y_test：测试集数据的标签。

11.5.2 RandomForestClassifier

随机森林分类器 RandomForestClassifier 是我们之前找到的最佳分类器。这个分类器本身支持多类分类，无须通过二类分类器来构造。

```
>>> from sklearn.ensemble import RandomForestClassifier
>>> forest_clf = RandomForestClassifier(
...     n_estimators = 100,
...     random_state = 42
... )
>>> forest_clf.fit(X_train, y_train)
```

RandomForestClassifier 在适配时不会接触到测试集的数据。

接下来，我们比较一下 RandomForestClassifier 在训练集与测试集上的准确率。

用 cross_val_score 函数来验证训练集上的准确率。这里注意参数指定 X_train 和 y_train，代码如下。

```
>>> from sklearn.model_selection import cross_val_score
>>> cross_val_score(
...     forest_clf,
...     X_train, y_train,
...     cv = 3,
...     scoring = 'accuracy' #以准确率为分数
... )
array([0.96443002, 0.9626523 , 0.96387681])
```

我们发现，准确率基本在 96%左右。这是相当不错的结果了。

评估在测试集上的准确性就不能用 cross_val_score 函数了。

因为 cross_val_score 函数是通过数据的交叉验证来计算分数的，所以在面对测试集时，需要用模型的预测结果来验证准确率。我们在这里先让模型预测 X_test 的结果，并将结果保存到 y_pred 中。然后用 accuracy_score 来计算预测值的准确率，代码如下。

```
>>> from sklearn.metrics import accuracy_score
>>> y_pred = forest_clf.predict(X_test)
>>> accuracy_score(y_test, y_pred)
0.9661428571428572
```

准确率是 97%左右。由此可知，我们的模型在训练集与测试集上的表现比较一致，这是很好的现象。

11.5.3 标准缩放

很多时候，数据在缩放后会有更好的预测效果。 在我们的模型中，数据做标准缩放后，是否会有更高的准确率呢?

我们在这里使用 Pipeline，数据要先进行标准缩放，也就是 StandardScaler，代码如下。

```
>>> from sklearn.preprocessing import StandardScaler
>>> from sklearn.pipeline import Pipeline
>>> pipe = Pipeline([
>>>     ('scaler', StandardScaler()),
>>>     ('forest', RandomForestClassifier(random_state = 42))
>>> ])
>>> pipe.fit(X_train, y_train)
```

仍用 cross_val_score 函数来计算训练集上的准确率，代码如下。

```
>>> cross_val_score(pipe, X_train, y_train, cv = 3, scoring = 'accuracy')
array([0.96430758, 0.96271352, 0.96369314])
```

准确率是 96%左右。

再来计算预测结果在测试集上的准确率，代码如下。

```
>>> y_pred_pipe = pipe.predict(X_test)
>>> accuracy_score(y_test, y_pred_pipe)
0.9662380952380952
```

算出来是 97%左右。

可见，是否进行标准缩放，对我们的模型没有明显的影响。

11.5.4 混淆矩阵

除了准确率，我们还可以观察混淆矩阵的情况。在计算混淆矩阵时，使用测试集上的标签 y_test 与预测的结果 y_pred，代码如下。

```
>>> from sklearn.metrics import confusion_matrix
>>> conf_mx = confusion_matrix(y_test, y_pred)
>>> conf_mx
[2052,    1,    3,    0,    1,    1,    5,    0,    7,    1],
[   0, 2326,   11,    5,    2,    4,    4,    7,    2,    2],
[   7,    2, 2032,    6,   13,    0,    7,   14,   13,    3],
[   5,    2,   26, 2045,    1,   21,    3,   16,   18,    5],
[   5,    4,    4,    0, 1966,    0,   11,    2,    6,   49],
[   8,    2,    4,   21,    1, 1812,   19,    2,   14,   11],
[   8,    4,    2,    0,    4,   10, 2023,    0,   12,    0],
[   3,    8,   23,    2,   10,    0,    0, 2113,    2,   27],
[   3,    9,    8,   19,    6,   20,    8,    1, 1955,   19],
[  10,   11,    4,   31,   28,    2,    2,   15,   19, 1965]]
```

在输出的混淆矩阵中，较大的数值全部出现在对角线上，其他位置的数值都很小。这说明绝大部分手写数字都能被正确地识别出来，被错认的数字较少。

手写数字的识别共有 10 个结果，混淆矩阵还是可读的。在类别数量较大的情况，直接读混淆矩阵就比较困难了。pyplot 的 matshow 方法可以将混淆矩阵用图像的形式展示出来，使用非常方便，其代码如下。

```
>>> plt.matshow(conf_mx, cmap = 'gray')
```

图 11-10 所示为混淆矩阵图像。横纵坐标均为手写数字。

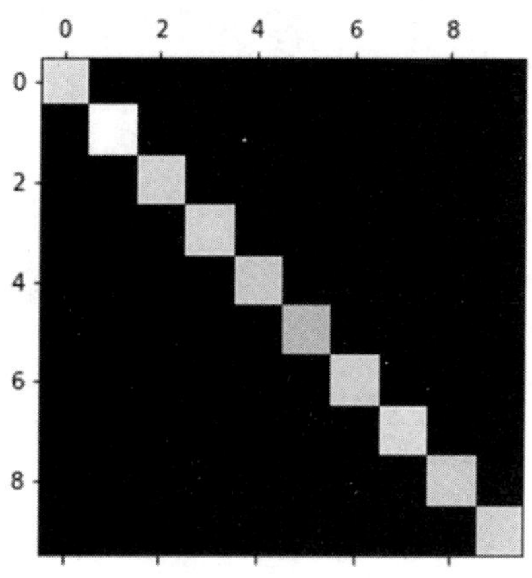

图 11-10 混淆矩阵图像

从图 11-10 中可以看出，对角线上的方格非常突出，而其他的方格几乎是纯黑色的。这说明二者在数值上的差距非常大。

11.5.5 突出错误率

对角线上的数值过大，会掩盖其他方格上数值之间的大小关系。同时，如果不同类别的数据的占比不一样，那么不同类别下的错误数值的大小也是不能比较的。

为了更好地突出错误率，我们要对混淆矩阵中的数字做如下处理：

（1）用错误率替换原来的数字。

（2）将对角线上的值全部替换成 0。

这里先用 sum 函数求出每一行的和，将 keepdims 设置为 True，以保持数组原来的维度。

```
>>> row_sums = conf_mx.sum(axis = 1, keepdims = True)
```

然后利用向量除法，用比率来替换原来的数字。

```
>>> norm_conf_mx = conf_mx / row_sums
```

再用 fill_diagonal 将对角线上的值全部置为 0。

```
>>> np.fill_diagonal(norm_conf_mx, 0)
```

最后用 matshow 方法将处理过的混淆矩阵画出来。

```
>>> plt.matshow(norm_conf_mx, cmap = 'gray')
```

突出错误率的混淆矩阵图如图 11-11 所示。

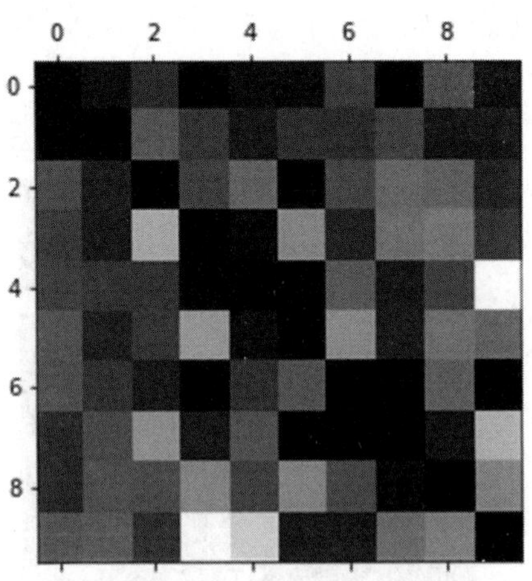

图 11-11　突出错误率的混淆矩阵图

在图 11-11 中，没有了对角线上高亮的方格，我们现在可以看到多种不同亮度的方格。

其中，最亮的方格在(4,9)这个位置。该位置的含义是数字 4 被错认成数字 9 的个数。我们来看一下究竟是什么样子的数字 4 被认成了 9。

下面的代码可查看最容易出错的手写数字图像，其中，plot_digits 函数可以在代码仓库中找到。

```
>>> X49 = X_test[(y_test == 4) & (y_pred == 9)]
>>> plot_digits(X49)
```

容易将 4 认成 9 的数字如图 11-12 所示。

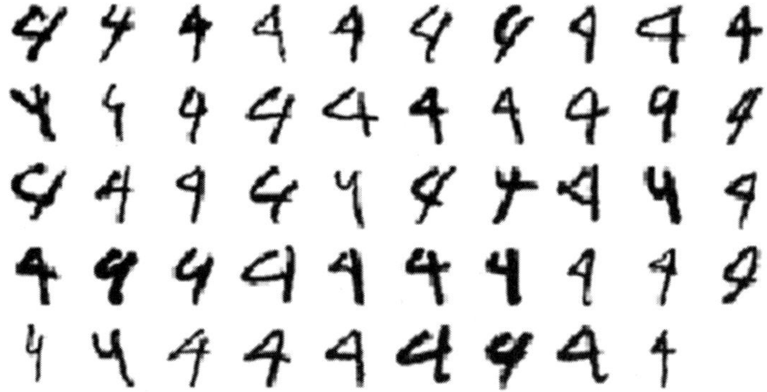

图 11-12　容易将 4 认成 9 的数字

从人的角度来看，在图 11-12 中，有些 4 确实很像是 9，不过也有些明显可以识别出来的 4，但机器模型没有认出来。